逻辑时空 刘培育 主编

倡导理性 恪守逻辑 正确思维

走近"逻先生"
——逻辑、社会与人生

王习胜 张建军 / 著

北京大学出版社
PEKING UNIVERSITY PRESS

图书在版编目(CIP)数据

走近"逻先生":逻辑、社会与人生/王习胜,张建军著. —北京:北京大学出版社,2020.4

(未名·逻辑时空)

ISBN 978-7-301-31280-3

Ⅰ. ①走… Ⅱ. ①王… ②张… Ⅲ. ①逻辑—社会功能—研究 Ⅳ. ①B81-05

中国版本图书馆 CIP 数据核字(2020)第 040244 号

书　　　名	走近"逻先生"——逻辑、社会与人生 ZOUJIN "LUOXIANSHENG" ——LUOJI、SHEHUI YU RENSHENG
著作责任者	王习胜　张建军　著
责 任 编 辑	魏冬峰
标 准 书 号	ISBN 978-7-301-31280-3
出 版 发 行	北京大学出版社
地　　　址	北京市海淀区成府路 205 号　100871
网　　　址	http://www.pup.cn　新浪微博:@北京大学出版社
电 子 信 箱	weidf02@sina.com
电　　　话	邮购部 010-62752015　发行部 010-62750672 编辑部 010-62750673
印 刷 者	三河市北燕印装有限公司
经 销 者	新华书店
	650 毫米×980 毫米　16 开本　14 印张　169 千字 2020 年 4 月第 1 版　2020 年 4 月第 1 次印刷
定　　　价	42.00 元

未经许可,不得以任何方式复制或抄袭本书之部分或全部内容。

版权所有,侵权必究

举报电话: 010-62752024　电子信箱: fd@pup.pku.edu.cn

图书如有印装质量问题,请与出版部联系,电话: 010-62756370

总　序

2005年,"未名·逻辑时空"丛书第一批书问世,到2010年共出版16种。

这套书的问世,受到了广大读者的欢迎。我和出版社收到大量读者来信。有人说,过去对逻辑不了解,读了"未名·逻辑时空"丛书以后,感到逻辑就在我们的身边,很有用。有人说,过去听说逻辑很抽象,很难学,这次看了"未名·逻辑时空"几本书,基本意思都懂了。有位读者还"说声对不起,我过去误会了逻辑学"。湖南一位高中同学发来邮件,说"未名·逻辑时空"丛书她看见一本买一本,至今还差两本没买到,希望我帮她买,她要保存一套全的。

这些年,我多次参加逻辑学研讨会,其中有位在高校教逻辑的朋友对我说,"未名·逻辑时空"丛书是他的教学参考书,书中很多实例和讲解他都讲给学生们,学生很喜欢。

2006年,中共中央宣传部、文化部、教育部、科技部、广播电影电视总局、新闻出版总署等九部委联合主办中华全民读书书目推荐活动,把"未名·逻辑时空"丛书首批推出的七种书全部列入了"知识工程推荐书目"。

读者的厚爱激励着出版社,也激励着作者。经过两年多时间的酝酿和筹划,我们决定对"未名·逻辑时空"部分图书陆续修订再版。我们希望修订后的图书更贴近社会实际,更好读,更好用。

我钦佩北京大学出版社的社会责任感,钦佩他们的远见卓识。我钦佩"未名·逻辑时空"丛书作者修订自己著作的热情,钦佩他们严谨的治学精神。有的作者已是耄耋之年,有的作者欣然将三十多万字的原著压缩了近一半。我向他们致敬!

中华民族正在为实现伟大复兴而奋斗!我们面临着复杂的国内外形势,面临着许许多多以前没有遇到过的新情况。我们要意气风发,同时我们要保持理性,要冷静地、科学地分析形势和问题,作出好的决策,再将好的决策落到实处。学习逻辑学有助于我们提升逻辑思维素养,培养科学理性精神,我希望"未名·逻辑时空"丛书能尽微薄之力。

欢迎读者们批评指正。

刘培育

2019 年 4 月 10 日

目　录

导　言 ……………………………………………………… 1

第一章　逻辑史话:"逻先生"的历史概貌 ……………… 16
  1. "逻辑"的多重语义 …………………………………… 16
  2. 逻辑的古代创生 ……………………………………… 18
  3. 逻辑的近代复兴 ……………………………………… 28
  4. 逻辑的现代发展 ……………………………………… 41
  5. "应用逻辑"的崛起与当代"逻辑地图" ……………… 57

第二章　演绎求"真":形式理性的法庭 ………………… 66
  1. 演绎的特质 …………………………………………… 68
  2. 以规则保证 …………………………………………… 82
  3. 预见的方式 …………………………………………… 96
  4. 质疑的工具 …………………………………………… 101
  5. 创新之利器 …………………………………………… 112

第三章　归纳求"信":合理置信的底蕴 ………………… 121
  1. 归纳与置信 …………………………………………… 122
  2. 直觉与合理 …………………………………………… 144
  3. 信度与确证 …………………………………………… 150
  4. 多数与民主 …………………………………………… 155

5. 归纳意识与归纳域 …………………………………… 164

第四章　逻辑精神：社会理性的内核 …………………… 169
　　1. 社会理性的特质及其取向 …………………………… 170
　　2. 以逻辑分析考辨社会共识 …………………………… 180
　　3. 以逻辑论证审议民主法治 …………………………… 198
　　4. 以逻辑素养支撑科技人文 …………………………… 209

后　记 ……………………………………………………… 218

导　言

2002年,以"逻辑教育家"著称的美国学者欧文·M.柯匹(Irving M. Copi)以85岁高龄谢世,此前他刚刚将其著名教材《逻辑学导论》第11版书稿校订完毕。这部教材的第1版于1953年出版后即受到普遍好评,不但在英语世界被广泛采用为高校逻辑基础课程教材,得以不断修订再版,而且迄今已有十余种文字的译本问世。有些美国学者认为,柯匹的《逻辑学导论》已成为有史以来受众最多的逻辑学读物,读者人数或许只有亚里士多德的《工具论》可与之匹敌。不论这种论断是否确切,这部教材所产生的广泛影响是毋庸置疑的。在已成为柯匹"遗作"的第11版中我们看到,柯匹将美国《独立宣言》起草人托马斯·杰斐逊(Thomas Jefferson)的如下论断置于全书开篇:

> 在一个共和国,由于公民所接受的是理性与说服力而不是暴力的引导,推理的艺术就是最重要的。

柯匹把"推理的艺术"的学习与训练,定位为逻辑学基础教育的核心目标,体现了逻辑学的基本功能。正如柯匹所强调,正确推理与论证在任何认知领域都不可或缺。"无论在科学研究中,在政治生活中,还是在个人生活管理方面,我们都需要运用逻辑以达至可靠的结论。学习逻辑学,可以帮助我们确认好的论证以及它们为什么好,亦可帮助我们确认坏的论证以及它们为什么坏。没有什么研究会有比之更广大的用途。"在阐明逻辑的认知功能的同时,柯匹也着重强调了其在民主政治与社会生活中的作用,他指出:"当前,民主的理念已得到几近普遍的拥护,而要使之付诸实践,社会公民须能有效地参与到公共事务中来。而要实现这种有效参与,就要求公民能够正确评估我们的领导人或候选领导人的不同主张。因此,民主的成功乃依赖于公民做出可靠判断的能力,从而也就依赖于人们合理地评估证据与各种论证的能力。可见,逻辑不仅对于促进我们个人目标的实现,而且对于促进我们与他人分享的民主目标的实现,都是至关重要的。"①正是基于这种认识,柯匹在1990年从夏威夷大学退休后,即邀请他的学生、政治哲学家卡尔·科恩(Carl Cohen)加盟《逻辑学导论》的修订再版工作。科恩的加盟使得这部教材在体现逻辑的社会功能方面,特色更为突出。

也是在2002年,我国《人民日报》理论版刊发了张建军的《真正重视"逻先生"——简论逻辑学的三重学科性质》一文。该文提出了"逻先生"是"赛先生"与"德先生"的共同基石之命题,倡议开展以逻辑的社会文化功能为核心的逻辑社会学研究。文章不长,谨摘录如下:

> 逻辑学具有基础学科、工具学科和人文学科三重性质,这是逻辑学在当代科学体系中独有的特征。数学既是基础学科又是工具学科,语言学既是工具学科又是人文学科,但它们都不具有逻辑学这种"三位一体"的学科性质。
>
> 逻辑学发展成为与数学、物理学、化学、天文学、地球与空间科学、生命科学等相并列的基础学科,是20世纪科学系统演化的重大进展。联合国教科文组织早在20世纪70年代已对此予以

---

① 柯匹、科恩:《逻辑学导论(第11版)》,张建军、潘天群等译,北京:中国人民大学出版社2007年版,"前言"第1—2页。

确认。后来在该组织发布的"科技领域国际标准命名法"中,更把逻辑学列为一级学科之首。然而,要真正形成发展逻辑学的良好社会文化氛围,实现我国逻辑学所应有的繁荣,还需要进一步深刻认识逻辑学的另外两重学科性质。

逻辑学是一种系统性工具。亚里士多德曾视逻辑学(他本人称之为"分析学")为纯粹的工具性学科,虽然在其学科分类体系中未给逻辑学一席之地,但亚氏已经认识到,逻辑决不仅仅是说话辩论之利器,更为重要的是,逻辑乃一切科学研究的必备工具。这个认识是亚氏创建逻辑学的基本动因,《工具论》中的《后分析篇》开了把逻辑转化为方法的先河。而作为一种系统性工具,逻辑的价值也绝不仅仅体现在对一些零星规律与规则的运用上。现代逻辑达到形式化、系统化的极致,是逻辑得以在现代哲学、数学、计算机科学与人工智能、语言学、心理学、量子物理学、信息科学、生命科学以及经济学、社会学、政治学、法学等领域得到广泛而卓有成效应用的重要原因。现代逻辑的系统应用,需要一批既精通现代逻辑基本工具又能把握具体学科领域前沿知识,从而能把逻辑工具得心应手地运用到具体学科中去的"系统转化型"人才;同时也需要当代逻辑工作者继承《后分析篇》传统,对逻辑工具在科学领域综合运用的元理论与方法论问题进行全面深入的研究与把握。在后一方面,我国学者在"科学逻辑"的名义下做了大量工作,取得了一些重要成就。

逻辑学具有人文学科性质,这是指它不仅作为一种人文存在(任何学科都是如此),而且学科对象本身即具有人文内容。对逻辑学的这种性质的指认,可追溯到古希腊斯多亚学派和中世纪后期逻辑研究高峰时期的学者,这也是近代唯理论者和经验论者的共识。现代逻辑基础理论的发展,曾一度使消除逻辑的人文性质的观点占据西方学界的主导地位。我国学界也有不少学者迄今仍坚持这种观点。然而,纵观20世纪后半叶西方逻辑学科的发展历程,随着逻辑语用学研究的迅速崛起、符号学研究人文层面的蓬勃发展、社会语言学和文化语言学研究的兴盛、科学社会学研究的拓展和法兰克福学派对"形式理性"的批判等诸多因素直接或间接的作用,人文内容已在逻辑学研究中实现了回归。即使在纯粹的"哲学逻辑"研究上,当代西方逻辑学界也基本上遵循P.F.斯特劳森的划分,从形式—系统研究和非形式—哲学研究两个方向上展开,而正是后一个方向上的发展,提供了分析哲学语境中的"逻辑研究"与胡塞尔型现象学语境中的"逻辑研究"(这是当代人文主义哲学的重要基石)的对话途径。著名科学社会学家B.巴伯在其名著《科学与社会秩序》中,在从"理性在人类社会中的位置"的角度阐述了科学的社会功能的同时,强调指出了逻辑的基础地位。逻辑学是"社会理性化的支柱性学科",逻辑的缺位意味着理性的缺位,这是逻辑学最根本的人文性质。"逻辑精神"既是科学精神的基本要素,也是民主法治精神的基本要素。建立在逻辑基础之上的形式理性是科学体系与民主政治的共同基石。严复曾有如下断言:逻辑"为一切法之法,一切学之学"。"德先生"与"赛先生"的旗帜在我国飘扬了近一个世纪之后,我们应该真正重视"逻先生",在国民教育体系中加大健全的逻辑意识和逻辑思维素养的培育,使之成为新世纪营造与社会主义市场经济发展相适应的良性文化环境的重要内容。不妨开展逻辑社会学研究,因为在克服社会转型时期所带来的一系列"无序""失衡""失范"现象,实现社会发展的动态平衡和有序化、规范化方面,"逻先生"有着基本的、不可替代的作用。

21世纪我国逻辑学科发展战略应为"一体两翼":以基础理论

层面研究为体,以工具层面和人文层面研究为翼,努力形成有利于"逻先生"茁壮生长的社会文化生态,使各种不同风格的学者各展所长,优势互补,共同振兴逻辑事业。这也有利于逻辑学在我国充分发挥其应有的社会文化功能。①

在《逻辑的社会功能》(北京大学出版社 2010 年版)一书"后记"中,张建军回忆指出,该文原稿标题只是现在的副标题,是当时《人民日报》的编辑慧眼识珠,将文中"逻先生"的提法置于正标题,突出显示了文章所强调的基本思想。正是这个醒目的提法,使该文得到了学界较多关注与讨论,对逻辑的社会文化功能研究在我国学界的兴起与发展,起到了一定的推动作用。

正如柯匹所引用的杰弗逊的名言所昭示,逻辑推理是"理性与说服力"之基石。逻辑的社会文化功能,来源于"社会理性化"的现实需要。

何谓"理性"?这是一个长期莫衷一是、很难简单说明的问题。在人们经常谈论的理性与感性、理性与意志、理性与激情、理性与信仰等对子中,所使用的显然不是同一个"理性"概念。限于本书"高级科普"的性质与宗旨,我们在这里不能进行繁复的学理讨论。不过,万变不离其宗,任何"理性"的界说都必定以人的推理与论证能力为本质要素,换言之,其根基都在于逻辑。如前面提到的美国政治哲学家和逻辑教育家科恩所说:"一般说来,我们可以接受古代即已规定的尺度。一个有理性的人,至少应该具备两种能力:(1)设想一种计划或掌握判断或行动规则的能力;(2)在具体情况下运用规则或按行动计划办事的能力。由于在民主体制中,这些规则大多都是在人与人之间起作

---

① 张建军:《真正重视"逻先生"——简论逻辑学的三重学科性质》,载《人民日报》2002 年 1 月 12 日。

用的,我们可以增加一点:(3)清楚表达思想,与人讲理的能力。"① 美国著名哲学家桑塔亚纳(G. Santayana)亦言:"一旦人类不再完全沉浸于感觉之中,他就会前瞻未来、回顾以往而有所悔恨和企慕;与关注当下的感觉奔流相反,……当生命冲动经过反思改造而对以往经历所作的判断产生同情时,我们就可以很恰当地把它称之为理性。理性的生活取决于反思所产生并证明有效的那些环节。通过这种方式,不在场的成分即作用于当下,而一时难以感知的价值亦得到了估量。"② 柯匹则在《逻辑学导论》(第11版)中如此开宗明义:"当人们需要做出可靠判断,以决定在复杂情势中应如何行动,或者在重重疑团中如何判定真伪,理性都是最可信赖的工具。非理性工具(诸如预感与习惯之类)虽亦常被征用,但是当事关重大之时,或者当成败取决于所下判断的关头,诉诸理性无疑最易获得成功。我们已拥有一些经受了长期检验的合理方法,能够用来判定究竟何者为宜、何者为真;也拥有一系列业已得到确立的原理,可以指导我们从已知的东西引申推论。"③ 粗略而不失真地说,人类理性体现于对既往得失的审慎反思,对当下抉择的利弊权衡,对未来变化后果的合乎逻辑的推理,对社会规则的论证和遵守,对不同意见者有理有据的论证的尊重并经过认真审思后的包容。反思、权衡、推理、论证既是理性思维的过程,又是理性的基本特征。

历史表明,一个文明开放、自由民主、和谐稳定的社会必然是一个

---

① 科恩:《论民主》,聂崇信、朱秀贤译,北京:商务印书馆1988年版,第59页。译文略有改动。科恩在此指出:"社会共同体"和"理性"是民主政治的两个基本的前提条件:"社会作为第一前提所涉及的是人与人的关系。理性所涉及的则是这种关系的性质。没有这两个前提,就不可想象会有民主。社会是民主进程的基本结构,在这个结构内,必须假定所有成员至少具有参与共同事物所要求的基本能力。这些基本能力概括起来就是理性。"

② 桑塔亚纳:《常识中的理性》,张沛译,北京:北京大学出版社2008年版,第2页。

③ 柯匹、科恩:《逻辑学导论》(第11版),张建军、潘天群等译,"前言"第1页。

尊重理性和崇尚理性的社会,也可称之为"理性化"的社会。社会大变革的时代,既是一个理性经受洗礼的时代,也是一个呼唤理性规约的时代。当下的中国社会正处在一个大变革、大发展、大转型的新时代,也正是一个呼唤社会理性归位和"逻先生"规约的新时代。

回想那场轰轰烈烈但已渐渐远去的五四运动,其突出成果就是引进了西方的两位"先生"——"赛先生"和"德先生",即"科学"和"民主"。然而,由于那个时代的知识分子只认识到"要'匡时救国'及'创造新社会'必须求之于中国传统里所没有的东西。科学与民主是中国所没有的'西来法',因此被热烈提倡。至于中国人的价值取向、思想模态是否适于一步登天似的学习科学,中国的社会结构、基本观念、权威性格、行为模式是否宜于骤然实行西式民主,这些深进一层的问题,当时一般知识分子在意兴高潮激荡之下是考虑不到的。于是,提倡科学之最直接的结果之一是把科学看作唯物论或科学主义(Scientism)。推行西式民主的结果更是悲惨得很。"① 西方科学之所以在中国遭到误解,西式民主之所以在中国遭遇惨烈命运,是因为那个时代的中国尚不具备支撑科学和民主健康运行的基本的理性思维基础。

支撑西方科学的思维底蕴是什么?1953年,爱因斯坦在致斯威泽(J. E. Switzer)的信中说得很清楚:"西方科学的发展是以两个伟大的成就为基础的:希腊哲学家发明了形式逻辑体系(在欧几里得几何学中),以及(在文艺复兴时期)发现通过系统的实验有可能找出因果关系。"② 就是说,支撑西方科学的思维基础有二,一是希腊哲学家发明的形式逻辑体系,这主要是由亚里士多德所创立并由后继者所发展的演绎逻辑体系,作为这种逻辑知识的系统应用,突出的成就是欧氏几

---

① 殷海光:《五四的再认识》,载张建军、从丛编:《殷海光哲学与文化思想论集》,南京:南京大学出版社2008年版,第41页。
② 《爱因斯坦文集》第1卷,许良英等编译,北京:商务印书馆1976年版,第574页。

何学；二是在文艺复兴时期发现的通过系统的实验有可能找出因果关系，这就是弗兰西斯·培根所创立的传统归纳逻辑的核心内容。这两个伟大成就完全可以归属一个学科，那就是逻辑学。

再看看"民主"的思维基础。关于西方民主，最显然的表现形式是论辩和投票。虽然用强权、威胁和恫吓甚或花言巧语的欺骗也能够进行辩论，但那不是民主"论辩"的本义，而在大财团控制下的投票和选举虽然也能够举行，但那肯定也不是真正的民主选举。民主的论辩和选举，其本质性的东西是尊重合理论证、是理解、是协商，是在尽可能公平、公正的基础上达致"自由地表示同意"①。辩论与尊重论证之间是有区别的，这里的差异或如波普尔（K. Popper）所指出的："差别在于一种平等交换意见的态度，在于不仅准备说服别人，而且也可能被别人说服。我所称的合乎理性的态度可以这样来表征：'我认为我是正确的，但我可能是错的，而你可能是正确的，不管怎样，让我们进行讨论罢，因为这样比各自仅仅坚持认为自己正确可能更接近于正确的理解。'"②亦如科恩所阐明："正如科学探讨的性质是要小心翼翼、不偏不倚地衡量有利于和不利于候选者的各种根据一样，民主过程的性质也应该是在环境允许的情况下，慎之又慎地权衡待选的各种方案与每个候选人的价值。……不只是因为有了一堆个人意见才显示出民主的优越性，而是因为通过社会的思考与辩论能产生经过锤炼的集体的意志。如果这种相互影响与争论的过程一旦中止，民治政府的智慧也必然停止发展。这就是为什么言论与出版、建议与反对的自由系民主法治条件的原因。如果堵塞了说理争论的渠道，社会的相互影响就会采取不讲道理的形式，我们就可能看到人民消极地服从或者任性

---

① 胡克：《理性、社会神话和民主》，金克、徐崇温译，上海：上海人民出版社1965年版，第285页。

② 波普尔：《猜想与反驳》，傅季重等译，上海：上海译文出版社1986年版，第507—508页。

妄为。"①

这样看来,五四运动所引进的"赛先生"和"德先生",是需要有共同的思维基础支撑的,这个基础就是"逻先生"。"橘生淮南则为橘,生于淮北则为枳,叶徒相似,其实味不同。所以然者何?水土异也。"②同样,没有必要的逻辑理性为基础,徒具形式和外表,"赛先生"和"德先生"是不可能在中华大地上生根、开花、结果的。大张旗鼓的"洋务运动"引进了国人渴望的西方技术,得到了坚船利炮,但中国社会的境况却并没有因此而发生质的改变,这是历史已经给出的例证。或许,正是因为认识到了逻辑理性之于社会变革的重要性,以严复为代表的近代启蒙思想家,在艰苦探索中国社会变革的多种路径之后,终于颖悟:中国社会的变革首先必须对传统思维方式进行变革,那就是变"唯圣""唯古"为创新自得;变臆断为实证;变模糊为清晰;变零散之说为系统之学。这些"变"的目的,不外乎是要追求并塑造一种支持社会制度变革的逻辑理性或逻辑精神。

在现代中国学人中,以"五四之子"自视的殷海光是长期致力于逻辑的社会文化功能研究的"第一人",他倡言"逻辑乃天下之公器",强调把逻辑工具作为"跟反理性主义、蒙昧主义、褊狭思想、独断教条作毫无保留奋战"的利器。③对于逻辑在社会文化发展中的重要地位和中国缺乏逻辑传统的认识,无疑是造成殷海光长期多从负面评估中国传统文化的一个原因。但是,殷海光在其生命晚期对中国传统文化的态度发生了重要转变,即致力于挖掘中国传统文化的珍宝,然而其对逻辑的社会文化功能的认识看法并未改变。在其晚期论述中,殷海光仍一再强调逻辑乃"西洋文明中最厉害的东西",要在当代真正高扬中华

---

① 科恩:《论民主》,聂崇信、朱秀贤译,北京:商务印书馆1988年版,第178、218页。
② 《晏子使楚》,载《晏子春秋·内篇杂下》。
③ 参见张建军:《简论殷海光的逻辑观》,载《哲学研究》1999年第11期。

文化之长，必须补救缺乏逻辑传统这一最大之短。实际上，殷海光的晚年转变，正是他真正彻底贯彻以逻辑精神为基底的理性精神的结果。他通过审视20世纪60年代初在台湾发生的"中西文化论战"，发现论战双方都缺乏真正的理性精神，也就是他所谓的基于逻辑精神的"理知的态度"。殷海光把自己的晚期转变称为从"反传统主义"向"非传统主义"的转变，而不是向"传统主义"的转变。他认为，"传统主义"和"反传统主义"虽然尖锐对立，但有着共同"非理知态度"。而真正的理知态度恰恰是逻辑精神所要求的"求通"："我们的运思在于求通，求通在于求解问题。既然如此，我们只要想通了就行，管他古、今、中、外，乐观、悲观作什么呢？"① 显然，其中的"理知的态度"就是殷海光对自己在晚期思想转型阶段所提出的"八不思想模态"的彻底贯彻。这"八不思想模态"即：不故意求同、不故意求异、不存心非古、不存心尊古、不存心薄今、不存心厚今、不以言为己出而重之、不为言为异己所出而轻之，一切都要接受"逻辑"与"经验"的检验。② 殷海光所说的这种"理知的态度"，为我们所诉求的基于"逻先生"的理性精神做了极好的诠释。

对于殷海光多次强调的"中国没有逻辑传统"这一命题，不能理解为"中国古代没有逻辑"，更不能理解为"中国古代没有逻辑思想"。正如殷海光曾断言"中国古代没有数学传统"，不能理解为"中国古代没有数学"一样。殷海光明确申明：与希腊、印度先贤一样，中国先贤"也有'代数心'"，"中国社会文化同样产生过逻辑意识"，"先秦名家就有初型的逻辑思想"③。但是，先秦逻辑还没有形成古希腊那样的演绎逻

---

① 殷海光：《中国文化的展望》，上海：上海三联书店2002年版，第7页。
② 殷海光：《正确思想的评准》，载张建军、丛丛编：《殷海光哲学与文化思想论集》，第158—160页。
③ 殷海光：《从一本逻辑新著说起》，载张建军、丛丛编：《殷海光哲学与文化思想论集》，第117页。

辑系统,加之中国逻辑学发展在相当长的历史时期内中断,致使民族文化传统中逻辑意识十分薄弱,却是不争的事实。对造成这一现象的原因,殷海光进行了深入探讨,指出在文化的规范、美艺、器用、认知四种特征中,中国文化的规范特征过于发达,特别是自汉代以降逐渐成为文化价值取向的主导力,由此导致"在价值的主观主义的主宰之下,益之以美艺的韵赏,和情感的满足,认知作用遭到灭顶的惨祸"①,致使与文化的认知特征息息相关的逻辑学"中绝"。殷海光认为,这也正是中国近代科学"落伍"的至关重要的原因。正是基于这样的认识,晚期殷海光仍把补救缺乏逻辑传统的文化缺陷作为中华之振兴的必由之路,并为此做出如下"假言连锁"论证:"中国要'富国强兵'必须发展工业;中国要发展工业必须研究科学;中国要研究科学,必须在文化价值上注重认知特征;中国在文化价值上要注重认知特征,最必须而又直截的途径之一就是规规矩矩地学习逻辑。"②

"西学东渐"已经过去一个多世纪了,中国社会的逻辑理性水平及其精神素养不能说没有提升,但其现状并不如人意。正如哲学家冯契所指出,由于近代哲学在逻辑和方法论领域的革命并未得到系统反思和批判总结,难免造成理论上的盲目和实践上的失误。冯契长期致力于挖掘中国传统文化中的精华及其当代价值,但他也非常明确地揭示了由于形式逻辑传统的薄弱而导致的中国传统文化的两大基本缺陷,即经学独断论与权威主义、相对主义与虚无主义的长期盛行,二者的共同之处就是拒斥逻辑这一理性法庭。前者在当代中国的表现形式,在"十年动乱"时可谓登峰造极:个人迷信代替了民主讨论,引证语录代替了逻辑论证。后者则构成改革开放后出现的一些社会思潮的特

---

① 殷海光:《论认知的独立》,载张建军、从丛编:《殷海光哲学与文化思想论集》,第168页。
② 殷海光:《从一本逻辑新著说起》,载张建军、从丛编:《殷海光哲学与文化思想论集》,第118页。

征,给适应时代发展需要的思维方式和价值观的变革以极大阻力。①改革开放至今,虽然我们在经济上取得了较快发展,但就思维方式和价值观念来说,需要提升的空间仍然很大。

社会学家费孝通曾把 20 世纪初以来我国社会的深刻变化概括为"三级两跳":先后出现了三种社会形态,即农业社会、工业社会及信息社会;其中包含着两个大的跳跃,即从农业社会跳跃到工业社会,再从工业社会跳跃到信息社会。我国情况的特殊性和复杂性在于,第二次跳跃是在工业社会未得到充分发展的情况下进行的,而且三级形态"并存"的局面短期内难以改观。"我们的底子是第一跳尚未完成,潮流的走向是要我们跳上第三级,在这样的局势中,我们只有充实底子,顺应潮流,一边补课,一边起跳,不把缺下的课补足,是跳不过去的。"需要补什么课呢?费孝通认为:"现在中国的大问题是知识落后于时代要求。最近二十年的发展比较顺利,有些人就以为一切都很容易,认为生产力上来了就行了,没有重视精神的方面。实际上,我们与西方比,缺了'文艺复兴'的一段,缺乏个人对理性的重视,这个方面,我们也需要补课,它决定着人的素质。"②西方"文艺复兴"有着非常丰富的内容,费孝通只把"个人对理性的重视"突出出来,体现了对我国历史文化传统及现实社会状况之根本缺陷的深刻洞察。本书第一章对逻辑发展史的考察亦将表明,西方近现代文化的理性传统,深深植根于中世纪后期欧洲逻辑研究的复兴及其发展。当代中国的社会转型的确具有西方社会所不具有的独特的历史情境与复杂性,即如费孝通所言,这是在一个具有深厚的历史文化重负的大国中,在经济全球化日益增强、西方后工业信息社会已经来临的背景下展开的,它既要实现由农业社会向工业社会的转型,又要同时面对西方发达国家向信息

---

① 参见冯契:《智慧的探索》,上海:华东师范大学出版社 1994 年版,第 623—625 页。
② 费孝通:《"三级两跳"中的文化思考》,载《读书》2001 年第 4 期。

社会转型所带来的新变化,与其相关联的是实现"市场经济、民主政治、先进文化、和谐社会、生态文明"五位一体的转型目标的艰巨任务。

"三级两跳"所揭示的我国社会转型期的特殊性与复杂性,也提醒我们在新的历史条件下迈向"赛先生"与"德先生"所指引的目标时,对其在西方的历史发展亦需加以正确的理性分析,使其真正起到"他山之石"之效。实际上,当代西方发达国家也正处于由工业社会向后工业信息社会的转型时期,同样处于思想的解构与重构的过程之中。面对后现代相对主义思潮的猛烈冲击,面对这种思潮从负面深刻揭示的西方科学技术建制与民主政治发展中的种种严重弊端,西方语境中的"赛先生"与"德先生"都需要重新反思自己的理性之基。这种反思的一个重要成就,是当代"审议式民主"(deliberative democracy,又译"协商民主")思潮的蓬勃兴起。"审议式民主"的基本观念,是英美分析传统中的美国哲学家罗尔斯(J. B. Rawls)和欧陆思辨传统中的德国哲学家哈贝马斯(J. Habermas)等当代思想家不约而同地提出的。他们深刻分析了西方代议式民主政治实践所暴露出来的严重缺陷,表明这些缺陷之由来,非但不应归咎于脱胎于合理论辩研究的逻辑理性,而且恰恰缘于对逻辑理性之本真要求的严重偏离。他们明确区分了"基于讨价还价的决策模式"和"基于合理论辩的决策模式",而认为西方现代代议式民主的基本弊端,就在于前者压倒了后者,从而偏离了"德先生"尊重合理论证的本质要求。正如"审议式民主"思潮代表人物之一,澳大利亚政治学家佩迪特(P. Pettit)所概括:"在基于讨价还价的决策中,人们带着预先确定的利益和观念坐到一起——他们的心灵和大脑是封闭的;并在相互妥协之后才最终艰难地达成一个大家认可的安排。在基于论辩的决策中,人们承认某些共同的相关考虑,并通过对这些考虑之本质与重要性的相互磋商和对这些考虑所支持之决定的聚合,而逐步实现一个大家认可的结果。在基于讨价还价的决策中,偏好是给定的,在基于论辩的决策中,偏好是形成的。"①"审议式民主"的主张者认为,只有采用以合理论辩为主导的决策模式才能构成"论辩式共和国":"论辩式共和国将理性置于前台,因为它要求公共决策者们基于某些中立的考虑来作出他们的决定,并且透明地作出决定;而利益集团的范式则将理性置于背景之中,而不是前台。"②因此,他们呼吁,只有把两种决策模式的主导地位加以"倒转",才能使民主政治真正体现理性精神,获得良性发展。他们所憧憬的理想模式是:"在公共讨论过程中,每个人都被迫以公共理性为基础,从大家可以接受的共同前提出发,逐步提出自己的观点。在这个复杂的审议过程中,人人都要学习以较有说服力的理据去赢得对方的支持,同时也要学习接受别人较好的理性论证,放弃或改变自己原来的观点。因此,审议过程不只是有助于最终的决策获得最好的质量,而且也帮助了每个人完成自我的转化,从坚持己见的私我变成尊重理性意见的公民,从坐井观天的视角变成面面俱到的思虑。因此,民主过程才能确实是可以促进理性讨论的,因为它本身就蕴含了理性审议的特质。"③这种审议式民主思潮尽管迄今仍处于激烈争论之中,但其所揭示的基本道理,对于我们探索"德先生"在我国今后发展的正确路径,无疑是极具启发价值的。

社会转型的时代,的确是失范、失序现象大量滋生的时代,但是,

---

① 佩迪特:《共和主义——一种关于自由与政府的理论》,刘训练译,南京:江苏人民出版社2006年版,第245页。关于"共同的相关考虑"一词,佩迪特具体解释道:"在一个没有人受到支配的、公共决策遵循每个人利益和观念的共和国中,相关的考虑必须具有一种典型的中立性特征:它们将受到制约以免偏向某一局部的观点或利益。在立法决策中,相关的考虑可能是一切可以被视为理性的考虑,即所有人按照公认的推理标准不得不承认是中肯的考虑。在行政和司法决策中,它们是更加特殊的考虑,即按照统治政府的这些部门之运作的法律被认为是相关的考虑,尽管在严峻的情形中——即法律相对沉寂的情形中——它们可能包括更为普遍的考虑。从而对立法者来说也是相关的。无论在哪种情形中,当权者都会被要求根据合适的考虑来做出决策,并弄清楚自己受到了哪种考虑的推动。"(同上书,第246—247页)

② 同上书,第254页。

③ 江宜桦:《自由民主的理路》,北京:新星出版社2006年版,第34—35页。

从反面看,这也正是社会呼唤"逻先生"、走进"逻先生",弘扬和发展逻辑理性的关键时代。在被物质主义诱惑得疲于奔命的时候,在对社会失范、失序义愤填膺的时候,让我们停下追逐欲望的脚步,静下心来反思生存的意义,推理可能的后果,或许,我们的生活世界将是另外一种颜色——当逻辑研究在维护其阳春白雪的清高的同时也能兼顾下里巴人的日常生活,当社会成员能够普遍受到"逻先生"的熏陶而开始"学逻辑、用逻辑",当逻辑精神能够深入国民之心而蔚然成风,当逻辑理性能够真正规范人们的社会行为,那只在暮色渐浓的黄昏中开始飞翔的密涅瓦的猫头鹰,带给这个社会的将不仅是自由、开放、民主和科学,也将是有序、和谐和繁荣。

第一章 逻辑史话:"逻先生"的历史概貌

殷海光希望人们"规规矩矩地"学习的"逻辑",指的就是"逻辑学"这门学问。本章旨在简述逻辑学这门学问的历史发展,勾勒"逻先生"的历史面貌。

1. "逻辑"的多重语义

"逻辑"一词是英语 logic 的音译。在西学东渐过程中,严复等人曾译为"名学""名辩学",孙中山译为"理则学",在 20 世纪 20—40 年代,更为流行的译法是来自日本的"论理学",而由于这些译法在传神达意上都有诸多争议,作为音译的"逻辑"才逐渐被更多学者采用。到 20 世纪五六十年代,在金岳霖、潘梓年、殷海光等学者倡导下,"逻辑"一词才成为两岸四地共同使用的一种通行译法,并逐步走入寻常百姓家,成为现代汉语中的一个常用词汇。我们看到目前一些反映 20 世纪三四十年代生活的影视剧特别是谍战剧中,主人公经常谈论"逻辑"推理,甚至古代的狄仁杰、于成龙在断案时也谈论"逻辑",那就是一种时空"穿越"了。

与英语的 logic 一词一样,在现代汉语中,"逻辑"也是一个多义词。分清楚"逻辑"一词以下几个主要用法,对于我们理解"逻辑学"这门学问是非常有益的。

"逻辑"一词的第一种用法,是作为"规律"的同义词,如我们说要把握"新时代中国特色社会主义的大逻辑",实际上就是要把握新时代中国特色社会主义的总体规律。

"逻辑"一词的第二种用法,就是指"逻辑规律与法则"。这个意义上的"逻辑",就是逻辑学这门学问的主要研究对象。我们平常说"考虑问题、说话写文章都要合乎逻辑","我们要做出合乎逻辑的结论",其中的"合乎逻辑"就是说要遵循逻辑规律与规则之要求。

"逻辑"一词的第三种用法,是指认识问题的某种"方法"。比如,我们可以说殷海光阐述的"八不思想模态"就是"理知态度的逻辑",这当然是就思想方法来说的;我们也常说"霸权主义的逻辑""强盗逻辑""诡辩家的逻辑",这当然不是说他们遵守了什么逻辑法则,而恰恰是指他们实际上采取了违背逻辑规律与法则之要求的思想方法。

"逻辑"的第四种用法,就是指"逻辑学"这门学问。它和前三种用法都有关系,逻辑学是以逻辑规律与法则为首要研究对象的,用殷海光的话说,这是逻辑学的"本格";同时逻辑学也研究如何将这种规律与法则运用到实际思维中的方法,以区分正确的思想方法和不正确的思想方法,这个方面的系统性研究可称为"逻辑应用方法论",也就是说,第二种和第三种意义上的"逻辑"都是作为学问的"逻辑"的研究对象。

至于"逻辑"的第一种用法,那实际上是所有"科学"的研究对象,因为任何科学都是要把握其研究领域的规律的。但是,任何探索规律的科学都离不开逻辑规律与法则的制约。逻辑学作为工具性学科的"工具性",首先就是为把握"规律"即为"求真"服务的。

逻辑规律与法则,其核心是推理的规律与法则。推理能力是人的"天赋"能力,亚里士多德说"人是有理性的动物",首先就是因为"人是会推理的动物"。不过,单凭"会推理"并不能把人类和其他高等动物区别开来。毋庸置疑,其他高等动物也都具有一定的推理能力。人之区别于其他高等动物在于人可以对自己的推理做出"反思",即思考什么样的推理是正确的,可以推出的;什么样的推理是错误的,不能推出的。对这样的"可推""不可推"的"反思"能力,才是人类"理性"的根基所在。对这种"可推"与"不可推"的规律与法则的思考与把握,就产生了"逻辑思想",而将这样的思想条理化、系统化,就构成了"逻辑学说",构成了逻辑学这门学问。

以下我们把逻辑学波澜壮阔的历史发展划分为古代、近代和现代,予以分阶段概述,最后给出当代逻辑科学的基本"地图",说明这一经过千锤百炼的理性工具的来龙去脉。因为这是一种全景勾勒,读者可以先以浏览的方式观察"逻先生"的全貌。有些问题与疑惑,可在阅读后续章节之后再回头进行考察,进而可追寻历史线索展开深度思考与研究。

2. 逻辑的古代创生

众所周知,所谓推理是由"前提"与"结论"构成的,是由前提"推导"结论,前提作为结论的"理由"。把这样的理由讲出来作为"结论"(论题)的"论据",就构成通常所说的"论证"。如果用这样的"论证"去说服人,以求别人接受自己的观点,或者用这样的"论证"去反驳别人的观点,就构成所谓"论辩"。由此不难理解,为什么"论辩术"研究会成为人类逻辑学说产生的温床。世所公认的逻辑学说三大源头:中国先秦名辩学说、古印度正理—因明学说和古希腊逻辑学说,都是在百家争鸣的"论辩时代"产生与发展的。

古希腊论辩术之集大成是亚里士多德《工具论》中的《论辩篇》(包括《辨谬篇》,逻辑史家公认《辨谬篇》实为《论辩篇》的最后一章),与我国先秦后期墨家的《墨经》(又称《墨辩》)和古印度《正理经》一样,涉及了论辩术的方方面面。尽管论辩的目的在于"争胜",但是三部古代

第一章 逻辑史话:"逻先生"的历史概貌

经典都不约而同地阐明,要展开"良性"论辩,就要求在论辩中"尊重(合理的)论证",即要求论辩者不仅要就论证中的论据(前提)达成共识,而且要就论据是否能够推出论题(结论)达成共识;论辩既要"以理服人",也要"以情动人",但是合理的良性论辩必须将"情"与"理"区别开来,要将"修辞术"与"论证术"区别开来;良性的论辩应能识别并反驳论证中各种"推不出"的谬误,并拒斥自觉地利用这些谬误的"诡辩术"。这样,就把区分合理论证与不合理论证的研究从论辩术中突出出来,从而把从论据(前提)是否能够"推出"论题(结论)的研究突出出来,这就形成了系统反思人类"推理理论"的逻辑学说的三大源头。在《辨谬篇》中,亚里士多德对此有明确的说明:

> 我们的目的是要发现一种能力,即从所存在的被广泛认可的前提出发,对我们所面对的问题进行推理的能力,因为这就是辩论论证本身以及检验论证的功能。①

亚里士多德说要"发现"推理能力,并不是说在他之前人们不知道自己"会推理",而是说在他的视域范围内,在他之前并没有对区分正确推理和谬误性推理的"推理理论"展开系统研究。在《辨谬篇》的结尾,亚里士多德对此有高调宣示:

> 就我们现在的研究来说,如果说已经部分地进行了详尽的阐述,部分地还没有,那就是不合时宜的。它以前根本不曾有过。由收费的教师所指导的在争论论证方面的训练和高尔吉亚(当时的著名诡辩家——引者)行径很相同,因为他们有些人教学生记下那些或者属于修辞学的,或者包括了问题和答案的演说辞,在其中两派都认为争辩的论证绝大部分都被包括进来了。所以,他

---

① 亚里士多德:《辨谬篇》,秦典华译,载《亚里士多德全集》第 1 卷,北京:中国人民大学出版社 1990 年版,第 619 页。本处把原译"辩证论证"改译为"辩论论证"。

们对学生所进行的教育是速成的、无系统的,因为他们认为通过教授学生这种技术的结果,而不是技术本身便可以训练学生,这正如有人宣称他能传授防止脚痛的知识,然而他并不教人鞋匠的技术以及提供适当鞋袜的方法,而是拿来各种鞋以供选用。因为他只是帮助满足了别人的需要,而没有传授技术给他。关于修辞学,在过去就宣布已经有了大量的材料,然而相对于推理,我们完全没有一部早期作品可以借鉴,而是在长时期里,费尽心机在进行着尝试性的研究。①

就《论辩篇》来说,其对推理理论探讨的总体水平并不高于《墨经》和《正理经》。《墨经》对"以说出故"的系统探讨,《正理经》对宗(论题)、因(理由)、喻(例证)、合(运用)、结(结论)的系统研究,都已形成"推理理论"的整体性思想。但是,后两者和《论辩篇》一样,都未能把其中的"逻辑学说"与"论辩术"、"修辞术"和"认识论"等方面的因素明确区别开来,而是相互缠绕在一起。而亚里士多德却"在长时期里,费尽心机在进行着尝试性的研究",迈出了非常关键的一步:将推理中的"思想形式"因素与"思想内容"因素明确区分开来,创立了以"推理形式"研究为核心对象的"形式逻辑"学说,这集中体现在《工具论》的《前分析篇》之中。

亚里士多德发现,一个推理的前提能否合理地"推出"结论,实际上并不取决于前提和结论的思想内容,而是取决于其思想形式,例如下面两个推理:

    所有哺乳动物都是有心脏的动物,
    所有马都是哺乳动物,

---

① 亚里士多德:《辨谬篇》,秦典华译,载《亚里士多德全集》第1卷,第621页。

第一章 逻辑史话:"逻先生"的历史概貌

所以,所有马都是有心脏的动物。

所有有心脏的动物都是有肾脏的动物,

所有马都是有心脏的动物,

所以,所有马都是有肾脏的动物。

这两个推理的前提与结论的"思想内容"并不相同,但是它们从前提借以"推出"结论的"思想形式"是相同的。他通过一般性变项(用字母表示)的发明,用"逻辑常项"和"概念变项"联袂刻画这种内容不同的推理共同的思想形式。按当时亚氏的刻画,这两个推理形式的机理在于:

如果 P 属于所有 M,

并且 M 属于所有 S,

那么,P 属于所有 S。

我们大家今天所熟悉的,是经中世纪学者改造后的传统逻辑中更为直观的形式:

所有 M 都是 P,

所有 S 都是 M,

所以,所有 S 都是 P。

亚里士多德之所以用"如果……那么……"这样的条件联结词来联结推理的前提与结论,是因为他认识到,推理的前提能否"推出"结论,并不取决于前提和结论本身的真假,而是取决于前提与结论之间是否有"形式保真"关系,即从思想形式上就可以询问:如果具有前提形式的命题是真的,那么是否能够"必然地得出"具有结论形式的命题是真的。比如,在上列形式中,不管我们给其中的概念变项代入什么概念,假如前提是真的,那么结论就一定是真的。反之,我们再看下述推理：

  所有哺乳动物都是有心脏的动物，

  所有马是有心脏的动物，

  所以，所有马是哺乳动物。

这个推理前提与结论都是真的，但是结论的真并不能从前提的真"必然地得出"，因为这个推理并不是"形式保真"的。这个推理的直观形式是：

  所有 P 都是 M，

  所有 S 都是 M，

  所以，所有 S 都是 P。

我们可以给这个形式找到前提为真但结论为假的"反例"，例如：

  所有马是哺乳动物，

  所有牛是哺乳动物，

  所以，所有牛都是马。

这就说明，上面这个推理的形式不具有形式保真性，也就是前提到结论是不能"必然地得出"的。美国科学哲学家洛西（J. Losee）说："亚里士多德的巨大成就之一，在于他坚持一个论证的可靠性仅仅由前提和结论之间的关系来决定。"[①]严格地说，这里所谓的"关系"就是"形式保真关系"，这里所谓论证的"可靠性"就是指论证的"形式保真性"。

  亚里士多德把自己的《前分析篇》的任务，定位于研究什么样的推理是形式保真的，什么样的推理不是形式保真的。用现在逻辑学

---

 ① 洛西：《科学哲学历史导论》，邱仁宗等译，武汉：华中工学院出版社1982年版，第9页。

的术语说,就是研究什么样的推理是"普遍有效的",什么样的推理不是"普遍有效的"。这种推理的"(普遍)有效性",就是后世所谓"演绎逻辑学"的主要对象,而这类追求"必然地得出"的推理被称为"演绎推理"。亚里士多德对以上述推理为范例的直言三段论推理做了相当系统完整的彻底审查,建立了历史上第一个纯粹以推理形式为对象的演绎逻辑理论。尽管从现代逻辑的观点看,亚氏直言三段论系统只是一个小型演绎系统,但毕竟是第一个以推理形式的普遍有效性为对象的严整的逻辑系统。因而,亚里士多德成为世所公认的"演绎逻辑之父"。

亚里士多德自然懂得,人们实际思维中所使用的推理形式并不限于直言三段论。他在《前分析篇》中还花了很大力气探讨人们使用"必然""可能"与"偶然"这三个逻辑常项的"模态三段论",从而也成为演绎逻辑的一个重要分支——"模态逻辑"的创始人。他的学生德奥弗拉斯特以及后来的斯多亚学派,沿着探讨"形式保真"性的方向,又创立了传统命题逻辑理论。直言三段论理论、模态三段论理论和传统命题逻辑,构成西方传统演绎逻辑的核心内容。演绎逻辑学的创生与发展明确揭示出,在拥有推理能力的人类理性思维中,实际上有一个刚性的"形式理性法庭",它决定着"讲道理"的一系列思想形式层面的刚性规则,并非像诡辩家所说的那样"公说公有理""婆说婆有理"。所谓西方"形式理性"之根基,就是由这些理论所奠定的。

古今都有许多学者(包括殷海光)认为,所谓"逻辑学"就是指"演绎逻辑学",我们可以把这种逻辑观称为"狭义逻辑观",把"演绎逻辑学"称为"狭义逻辑学"。但是,这样的"狭义逻辑观"恐怕不能得到亚里士多德本人的赞同。众所周知,"逻辑"一词作为学科术语是为后世所命名的,而不是亚氏本人所使用的,亚氏把他从论辩术中抽离出来的"推理理论"命名为"分析学"。在完成创立演绎逻辑的《前分析篇》

之后,他又紧接着完成了一部《后分析篇》。在亚里士多德看来,《后分析篇》的内容显然也是"分析学"的重要组成部分。

《后分析篇》的主要内容可概括为两个方面:一是《前分析篇》所发现的"演绎推理理论"在科学研究中的应用方法论,二是归纳逻辑思想的提出及其与演绎逻辑相互作用机理的探讨。

从现代科学哲学的观点看,亚里士多德之前并没有系统的科学理论,只有零散的科学思想或科学性探究。在亚氏时代的显学是几何学,柏拉图开办的学园门口就有"不懂几何学者禁入"的标牌。作为柏拉图的第一高足,亚里士多德丰厚的几何学修养可想而知。在《前分析篇》中创立演绎逻辑学之后,亚里士多德立即颖悟到,"形式保真"的有效演绎推理,实际上是把零散的几何学知识连接成系统的科学知识的主要纽带,同时,这种演绎推理也是人们从已知的几何学知识"间接地"推论人们尚未揭示出来的几何学知识的基本桥梁;由此推广,演绎逻辑学则可提供科学知识系统化的基本工具。因此,他在《后分析篇》中主要以几何学为背景,对演绎推理在科学知识系统化中的作用机理加以系统把握与揭示,从而建构了历史上第一个以公理化方法论为核心的演绎科学方法论。前面我们引述的爱因斯坦关于西方科学第一基础的说法:"希腊哲学家发明了形式逻辑体系(在欧几里得几何学中)",括号中的说法应更正确地表述为:"在亚里士多德的《分析篇》中",因为《前分析篇》是"形式逻辑体系"本身的诞生地,而《后分析篇》实际上是以几何学为主要背景的演绎科学方法论,其后诞生的欧几里得几何学,实际上是《后分析篇》所阐发的方法论的成功实践。因此,从《后分析篇》看来,演绎科学方法论也包括在亚里士多德的"分析学"或"逻辑学"的视域之内。但不仅如此,正因为要给科学体系的构成提供"方法论",亚里士多德发现,演绎推理尽管能够提供把零散的科学知识"组织起来"的枢纽,但不能完整地说明科学知识的形成机理。如

第一章　逻辑史话:"逻先生"的历史概貌

《前分析篇》所揭示,实际推理如果"形式保真"(有效),那么其结论的真就可以由其前提的真来保证,但这个推理前提的真,还要由该推理之外的其他真前提来保证。循此继进,在科学知识系统化的过程中,必定存在某些这样的前提,它们是不能从其他前提"必然地得出"的。"如果不把握直接的基本前提,那么通过证明获得知识是不可能的。"①这就需要一个科学知识系统中有某些"公理",它们不能在该系统中获得演绎论证。通过对这些"公理"之形成途径的追问,亚里士多德提出了"归纳逻辑"的思想。

在此需要澄清人们对亚里士多德关于"公理化"思想的一个重要误解。许多人认为,亚里士多德所认识的"公理"就是"不证自明"的道理。实际上,这是把亚里士多德当时对几何学的公理系统的认识,不适当地推广到了对所有知识系统的认识。亚里士多德在对人类实际思维"合理论证"的探索中,对论证真实"结论"之"基本前提"或"最终前提"提出了四个方面的"方法论指针":(1) 前提应当是(公认)为真的;(2) 前提本身是无法演绎论证的;(3) 前提必须比结论更为人所知;(4) 前提必须是在结论中所做归属的原因。② 循此指针,亚里士多德认为,几何学中存在这样一些"不证自明"的"第一原理",而由它们可以通过演绎推理得出一系列并不自明的几何学定理,因而它们可以扮演几何学系统的"公理"角色。但是,在其他学科中很难找到这样的"公理",但这并不意味着其他学科不能使用"公理化"方法,我们从已经获得的一些"共识"出发,同样可以使用演绎推理把零散的知识系统化。所以,把亚里士多德的"公理"概念理解为"共识"更为确切。在非欧几何学已经否认了亚里士多德"第一原理"的认识之后,理解这一点

---

① 亚里士多德:《后分析篇》,余纪元译,载《亚里士多德全集》第1卷,第346页。
② 参见洛西:《科学哲学历史导论》,邱仁宗等译,第10页。

显得尤为重要。

那么，一个知识系统中这种不能被演绎论证的"基本前提"或"公理"之合理性由何而来呢？亚里士多德提出了人们达成共识的两大途径："直觉归纳法"与"简单枚举归纳法"。

直觉归纳法是指对那些体现在现象中的一般原理的直接观察。直觉归纳法"是一个观察力问题。这是一种在感觉经验材料中看到'本质'的能力"[①]。亚里士多德举的一个例子是，我们在若干情况下注意到月球亮的一面朝向太阳，可由此而推断出月球发光是由于太阳光的照射。在他看来，这种直觉归纳的作用与分类学家的"眼力"的作用类似。分类学家是一种善于"看到"属与种差的人。这是一种经过广泛的经验之后可以获得的能力。

与直觉归纳法不同，简单枚举归纳法则是普通的理性人都具有的从特殊推广到一般的能力，即"依据一组没有例外的特殊事例去建立一种普遍"[②]。亚里士多德自己所使用的一个例子是：

> 如果技术娴熟的航工是最有能力的航工，技术娴熟的战车驭手是最有能力的驭手，那么一般地说，技术娴熟的人都是在某一特定方面最有能力的人。[③]

尽管亚里士多德本人没有把归纳叫作"推理"，但从这个例子可以看出，亚里士多德在"理由"与"结论"之间使用了其在表述演绎推理时使用的"如果……那么……"联结词，因而我们可以认为亚里士多德同样把"归纳"视为一种"推理"，对归纳的研究同样也可视为一种"推理

---

① 洛西：《科学哲学历史导论》，邱仁宗等译，第8页。
② 亚里士多德：《后分析篇》，转引自张家龙主编：《逻辑学思想史》，长沙：湖南教育出版社2004年版，第541页。此句在余纪元译本中译作"从许许多多与之相同的明显的特殊事例中去推论"。见《亚里士多德全集》第1卷，第321页。
③ 亚里士多德：《论辩篇》，秦典华译，载《亚里士多德全集》第1卷，第366页。

第一章 逻辑史话:"逻先生"的历史概貌

理论"。

当然,亚里士多德懂得,这种"推理"并不是"必然地得出",而只是在"前提"与"结论"之间提供了一种"或然性"的支持。但对于得到演绎论证所需要的"基本前提"或"共识"来说,这种归纳又是必须的,关键在于如何提高这种或然性,增强归纳结论的可信性。亚里士多德努力探索了人们在观察中做归纳的注意事项,同时在归纳与演绎的互动中对归纳结论加以验证和修订。这实际上提出了从事科学研究的一种"归纳—演绎模式"①。这个模式是说,科学研究是不断从待解释的现象"归纳"出解释性原理,再从包含这些原理的前提中"演绎"出关于现象的陈述的循环往复的过程。只有当关于现象的陈述从解释性原理中被演绎出来时,科学解释才得以完成。因此,科学解释就是从关于事实的知识通过归纳与演绎相结合的程序过渡到关于事实的原因的知识。这个模式显然已不局限于演绎科学方法论,而是给出了经验科学方法论的一个雏形。

可见,依照亚里士多德自己的命名,他的"分析学"或"逻辑学"的畛域包括演绎逻辑、演绎科学方法论、归纳逻辑、经验科学方法论四大组成部分,而并不只是演绎逻辑一个领地。

但是,亚里士多德身后的逻辑著作集的编辑者(传说是公元前1世纪的安德罗尼克),并没有局限于亚里士多德自己的上述视域。在《前分析篇》与《后分析篇》之后,还编入了前述《论辩篇》和《辨谬篇》,同时还收入了《范畴篇》与公认为《分析篇》之导言的《解释篇》,置于《前分析篇》之前,并总名为《工具论》。这显示了一种更大视域的逻辑观。我们后面再讨论这种"大逻辑观"的合理性问题。

---

① 洛西:《科学哲学历史导论》,邱仁宗等译,第6页。

走近"逻先生"——逻辑、社会与人生

3. 逻辑的近代复兴

我们经常听到这样的说法：在人类逻辑学说的三大发源地中，西方逻辑学经历了持续不断的发展，而中国与印度的逻辑学说都不幸"中绝"了，因而造成东方逻辑传统之薄弱。这个说法是似是而非的。因为西方逻辑学也曾经历同样的"中绝"。的确，亚里士多德创建的逻辑学在整个"希腊化时期"和古罗马时代都有一定的发展，但在西欧中世纪也曾经历了至少长达八百年余年的"中绝"，直到中世纪后期，随着亚里士多德著作从阿拉伯世界"传回"欧洲，以及近代大学制度的创立，逻辑学研究才得以逐步复兴，并在14、15世纪出现了西方逻辑研究的第二大"高峰期"。如现在学界所公认，这一时期的逻辑研究尽管以受到神学制约的"经院逻辑"的面貌出现，但由于逻辑学本身的科学本性，在推动西方社会冲破中世纪的黑暗，为后来的文艺复兴、宗教改革及近代科学与民主政治的兴起奠定理性基础方面，可谓居功至伟。

中世纪后期逻辑学的复兴，首先表现于演绎逻辑的复兴，以三段论为核心的亚里士多德词项逻辑理论得到了细致入微的研究与发展，同时，经院逻辑学者又重新发现了当时已失传的命题逻辑理论，并且做了很大的拓广研究。更为重要的是，自近代大学创办之初，逻辑学就被列为所有大学生必修的基础课程。这是造成西方雄厚的逻辑思维传统的真正奥秘所在。

在发展演绎逻辑的同时，经院逻辑学者也在亚里士多德思想的基础上推进了归纳逻辑研究。其中的杰出代表，是13世纪的格洛赛特（R. Grossetrste）和他的学生罗吉尔·培根（Roger Bacon），他们的主要贡献是从亚里士多德局限于观察的归纳推理探索，转变为实验方法

第一章 逻辑史话:"逻先生"的历史概貌

中的归纳推理探索。在他们看来,实验是从个别事实上升到事物的原因、一般原理的基础,也是检验一般原理的方法,并提出了契合法、差异法的思想雏形。此外,中世纪晚期一些近代科学先驱者如伽利略、开普勒乃至同为科学家与艺术家的达·芬奇等,也结合科学实践对科学研究中的归纳因素进行了宝贵的探索。①

世所公认的归纳逻辑之父,是活跃于17世纪文艺复兴后期的英国哲学家弗兰西斯·培根(Francis Bacon)。这是因为,尽管从亚里士多德到罗吉尔·培根等人都提出了重要的归纳逻辑思想,但这些思想是片段的、不系统的,而直到弗兰西斯·培根提出了系统完整的"排除归纳法",才标志着归纳逻辑的真正创立。"排除归纳法"的完整阐述在其名著《新工具》之中。尽管弗兰西斯·培根本人并不是经验科学家,但由于"排除归纳法"清楚地揭示了科学实验的逻辑机理,他被公认为"整个现代实验科学的真正始祖"(马克思语)。

培根的"排除归纳法"后为19世纪的密尔(J. S. Mill)所发展和完善,构成现在基础逻辑教学中经常讲授的"探求因果联系的五种方法"。这体现在他阐释传统演绎与归纳逻辑及其相互作用的《逻辑体系》一书之中。其中对于"类比推理"这种或然推理形式及其作用也做了系统把握。该书对于传统归纳逻辑的确立与传播起到了至关重要的作用。

值得强调的是,密尔不仅是传统归纳逻辑的一位集大成者,也是西方代议制民主政治理论的奠基人之一,其贡献体现在他另外两部名著《论自由》和《代议制政府》之中,其间的深层关联,是我们研究逻辑的社会文化功能的一个重要课题。

自从归纳逻辑真正创立之后,演绎逻辑与归纳逻辑何者更为重

---

① 参见张家龙主编:《逻辑学思想史》,第550—553页。

要，或者说在科学研究或理性思维中何者应占支配地位，成为哲学家们长期争议的问题，并形成了"演绎主义"与"归纳主义"两大流派。这种争论不但推动了整个西方近代哲学研究的"认识论转向"，而且促成了"辩证逻辑"研究的兴起与发展。鉴于"辩证逻辑"的性质在学界尚存较大争议，我们在此需要比较详细地考察一下它的由来。

熟悉西方哲学史的读者都知道，正是英国哲学家休谟（D. Hume）对归纳推理合理性的质疑（即著名的"休谟问题"），把德国哲学家康德（I. Kant）"从独断论的迷梦中唤醒"。休谟揭示出，归纳推理的合理性不可能得到严格的逻辑证立。休谟的质疑使康德认识到，仅仅依靠演绎逻辑与归纳逻辑的"理性法庭"，无法为以牛顿力学为范本的科学知识的"必然性与普遍性"提供辩护。因为演绎逻辑所揭示的有效性规律本身虽然是"必然的与普遍的"，但只是一种无内容的纯形式的必然性与普遍性，尽管它也提供了一种真理的标准，但只是一种必要条件意义上的"消极标准"："这些标准只涉及真理的形式，就此而言它们是完全正确的，但并不是充分的。因为即使一种知识有可能完全符合于逻辑的形式，即不和自己相矛盾，但它仍然总还是可能与对象相矛盾，所以真理的单纯逻辑上的标准，即一种知识与知性和理性的普遍形式法则相一致，这虽然是一切真理的必要条件，因而是消极的条件；但更远的地方这种逻辑就达不到了。"①而休谟的质疑也说明"逻辑真理"之外的科学知识的"必然性与普遍性"，也不能通过归纳推理来辩护。但是，康德不能赞同休谟由此得出的对于科学知识的"怀疑主义"结论，而是致力于科学知识的"确定性机理"的探索。他经过长期探索认识到，在演绎与归纳都无法说明科学真理的把握何以可能的情况下，可以由亚里士多德《工具论》中的《范畴篇》所开创的"思维范畴"理论找

---

① 康德：《纯粹理性批判》，邓晓芒译，北京：人民出版社2004年版，第56—57页。

第一章 逻辑史话:"逻先生"的历史概貌

到一条新的出路:由有别于演绎逻辑与归纳逻辑的另一逻辑类型来担当这一职能,他名之为"先验逻辑"。

如前所述,亚里士多德第一次明确地把思想形式和思想内容区别开来,创立了演绎逻辑。以亚里士多德为重要先驱,至弗兰西斯·培根创立的传统归纳逻辑,尽管不能制定出像制约演绎推理有效性那样的"刚性"形式规则,而只能给出一系列"柔性"的合理性准则,但这些准则所制约的仍是归纳推理的"形式"。因此,康德把演绎逻辑与归纳逻辑统称为"形式逻辑"(这个称呼得到了广泛采纳)。然而,康德发现,在形式逻辑所"普适"但不研究的"思想内容"方面,实际上存在着为人们长期忽视的一种重要的层面区分:经验内容和先验内容。思想的经验内容是可以通过观察与实验方法把握的,但制约这种把握的不仅有演绎与归纳的"形式",还有一种既不是思想的"形式"也不是思想的"经验内容"的东西,它们所在的层面,就是亚里士多德的《范畴篇》所揭示的那些东西所在的层面。比如"实体""性质""关系"等范畴及其相互作用的内容,它们既不属于形式逻辑的"形式",但是也不属于可以经验验证的"经验内容",它们可称为"纯内容"。这种"纯内容"表现在思维中就是作为"纯概念"的逻辑范畴。正是制约它们的法则(连同形式逻辑法则一起)构成了科学知识之"必然性与普遍性"何以可能的条件。这就是"先验逻辑"的研究对象。康德强调说:"我们应当有一种逻辑,在这种逻辑中知识的内容不是完全被忽略了,因为这种逻辑应包含纯思想的规则,而只排除那些纯属经验性质的所有知识。"[①] 我国逻辑学家周礼全曾对康德的思想做了如下简明的阐释:

> 纯概念具有先验的综合作用,这种先验的综合作用规定了判断形式,也表现于判断形式。相应于不同的纯概念(即范畴),就

---

① 转引自周礼全:《黑格尔的辩证逻辑》,北京:中国社会科学出版社1989年版,第9页。

有不同的判断形式。例如,相应于实体与依存(或实体与属性)这一纯概念,就有直言判断的判断形式。因此,某一形式的具体判断,就具有两种内容:一种是经验内容;另一种是纯内容或先验内容。前者是经验概念的内容,后者是纯概念的内容。一个具体判断的经验内容,相当于形式逻辑所说的命题内容;而一个具体判断的纯内容,就是这个具体判断的形式所具有的认识论内容。

概括地说,先验逻辑力图说明和证明:(1)各个纯概念和各种判断形式在整个认识和知识中的作用、地位和位置;(2)各个纯概念和判断形式如何应用于感性复多,从而规定和形成经验中的对象;(3)纯概念以及由纯概念形成的先天综合判断与先验知识的客观正确性或真理性(即普遍必然性)为什么和怎样是可能的;(4)纯概念、先天综合判断和先验知识的普遍必然性,不是来源于感性内容,而是来源于知性和思想本身;(5)纯概念只能应用于经验中的对象,但不能应用于经验之外。总起来说,先验逻辑就是研究由纯概念形成的先天综合判断或先验知识的来源、范围和客观正确性的科学。①

我们在此做这样的大段引证,不是要读者去全面厘清康德的思想,而是要力图显示以下各点:一是表明康德的"先验逻辑"与亚里士多德的《范畴篇》一样,与形式逻辑分有不同的研究层面,属于不同的"逻辑类型",二者并不是互相拒斥、冲突的关系(这是康德本人一再强调的);二是表明康德的"先验逻辑"以及与之有着同样研究对象的黑格尔的"辩证逻辑",都不是有些人所理解的那样"既研究形式又研究内容"的"万能逻辑",在不研究思想的"经验内容"这一点上,它们和形式逻辑是一致的;三是表明"先验逻辑"的提出也是源于"求真""讲理"

---

① 周礼全:《黑格尔的辩证逻辑》,第 8—10 页。

第一章 逻辑史话:"逻先生"的历史概貌

的需要,这和演绎逻辑与归纳逻辑之提出的诉求都是一致的。

但是需要明确的是:康德的"先验逻辑"并不就是"辩证逻辑",学界公认的"辩证逻辑"的奠基人是黑格尔而不是康德。

黑格尔(G. W. F. Hegel)是德国古典哲学的集大成者,他对康德"先验逻辑"的贡献给予了高度评价,肯定康德关于先验范畴及其对求真讲理之特殊重要性的认识都是非常正确的。但是,黑格尔认为,康德的研究尚停留在"消极理性"的阶段,尚未真正把握到其所谓"思辨的""积极理性"。前面我们看到,康德说形式逻辑只是真理的"消极标准","先验逻辑"追求的是"积极标准",但"先验逻辑"仍被黑格尔批判为"消极理性",这是怎么回事呢?

原来,黑格尔继承了康德对于"理性"一词的一种狭义用法。康德在历史上第一次把认识论中关于感性、理性的二分法发展为感性、知性、理性的三分法,实际上把以往哲学家所说的理性认识划分为知性认识和(狭义)理性认识两个不同层面。在他看来,所谓知性层面,是指人们对经验世界中分立的经验事实与规律的把握,其中规律(如牛顿力学规律,表征这种规律的判断他称之为"先验综合判断")的必然性和普遍性,由形式逻辑法则和知性范畴来共同保证,同时它们也可以为经验事实所确证。所谓理性层面是对终极性、整体性实体及其性质的认识,其中也包括对形式逻辑法则与知性范畴终极性质的认识。"理性照康德看来,乃是以无条件者、无限者为对象的思维。……理性的任务在于认识无条件者。"①比如,世界究竟是无限的还是有限的?共相(属性)究竟在个体(实体)之中(如亚里士多德所说)还是在个体之外独立存在(如柏拉图所说)?这些问题已超出了人类认识能力的范围,勉强以形式逻辑和先验逻辑法则对这些问题进行推演,必定陷

---

① 黑格尔:《哲学史讲演录》第4卷,贺麟、王太庆译,北京:商务印书馆1978年版,第275页。

入自相矛盾的"二律背反";换言之,这些问题是人类"不可解""不可知"的。康德将把握知性认识的"先验逻辑"称为"先验分析论",而将把握理性认识的"先验逻辑"称为"先验辩证论"。康德是在识别"辩证幻想"的负面意义上使用"辩证"一词的,这就是黑格尔称之为"消极理性"的原因。

黑格尔赞同康德关于感性、知性、理性的三分法,也肯定康德关于将知性认识手段运用到理性层面会陷入"二律背反"的论证,但是,他不赞同康德的"不可知"的结论。他认为,康德之所以得出这样的不可知论,是因为他只是静态地、固定地把握"先验范畴",而我们如果以动态的、流动的观点来把握这些范畴,不但这些"二律背反"是可解的,而且可以产生一种具有重要的方法论意义的新的逻辑类型,即把握积极理性的"思辨逻辑"或"辩证逻辑"。

黑格尔认为,与亚里士多德的范畴学说相比,康德的先验逻辑既有进步的方面,也有退步的方面。进步的方面在于,亚里士多德的范畴学说尽管已经把握到了进行辩证思维所需要的一系列基本范畴(体现在《范畴篇》《论辩篇》《物理学》和《形而上学》等著作中),但它们是零散的、缺乏严整性与系统性的,而康德的范畴理论在历史上第一次构成了一个严整的范畴体系,显示了范畴之间的整体性、系统性关联;其退步的地方在于,康德实际上放弃了亚里士多德范畴理论为"透过现象把握本质"服务的理性诉求,而满足于对经验世界现象层面的认识。只有把固定范畴改造为流动范畴,才能真正为人类的求真追求提供完整的认识工具。

黑格尔把固定范畴转化为流动范畴的关键环节,是通过对康德"二律背反"理论的改造,提出了"辩证否定"和"辩证矛盾"学说。与许多人的误读相反,黑格尔也与康德一样,不能容忍"二律背反"所得出的"逻辑矛盾"。他认为,康德的"不可知"的办法只是回避问题,并没

第一章 逻辑史话:"逻先生"的历史概貌

有真正消除逻辑矛盾。要真正解决二律背反问题,就需要将康德的消极理性转化为把握辩证矛盾的积极理性:"在对立的规定中认识到它们的统一,或在对立双方的分解和过渡中,认识到它们所包含的肯定。"①也就是说,真正的解决问题之道,在于认识到要消除二律背反,就必须把握对立面的"具体的历史的统一",比如有限性与无限性的对立统一、共相与个别的对立统一、固定与流动的对立统一等。正是以此为指导思想,黑格尔建构了一个以辩证否定与辩证矛盾观念为核心的动态化范畴体系。"黑格尔辩证逻辑的范畴,自身包含着矛盾,从而能自己否定自己而形成一个辩证的运动过程。这是范畴的辩证法或辩证法的范畴。"②这个范畴体系的建立,是人类对辩证思维方法的把握从自发的素朴形态上升为自觉的理论系统形态的一个标志。

然而令人极为遗憾的是,黑格尔理论中所具有的一些致命缺陷,妨碍了其辩证逻辑理论之应有作用的发挥。一个重要的缺陷是它的"反形式逻辑"外貌。黑格尔把康德消极理性的"二律背反"转型为积极理性的"辩证矛盾"理论,并把"辩证矛盾"直接称为"矛盾",但并没有注意澄清"辩证矛盾"与形式逻辑所拒斥的"(逻辑)矛盾"的区别。与此相关,他对康德式"固定范畴"理论的批判,经常被混同于对形式逻辑本身的批判。黑格尔不屑于去做这种澄清,乃因为在他看来,尽管形式逻辑像康德所说那样是不可或缺的,但已作为特定的环节包含在了自己的体系之内:"思辨逻辑内既包含有单纯的知性逻辑,而且从前者即可抽得出后者。我们只消把思辨逻辑中辩证法的和理性的成分排除掉,就可以得到知性逻辑。"③因此,黑格尔经常径直把他的"思辨逻辑"称为"逻辑学",这种认识实际上又否认了形式逻辑独立发展

---

① 黑格尔:《小逻辑》,贺麟译,北京:商务印书馆1980年版,第181页。
② 周礼全:《黑格尔的辩证逻辑》,第40页。
③ 黑格尔:《小逻辑》,贺麟译,第181页。

走近"逻先生"——逻辑、社会与人生

的价值。这对黑格尔理论以及辩证逻辑本身的命运都产生了重要影响,以至坚持对逻辑类型持开放态度,并对康德的先验范畴理论持同情理解的德国逻辑史家亨利希·肖尔兹(Heinrich Scholz),也对黑格尔的辩证逻辑做了如下评论:"一个亚里士多德学派的人怎么能同意一种以取消矛盾律与排中律两个基本命题开始的(黑格尔)《逻辑学》呢?仅就这一个原因,我们必须承认,黑格尔的逻辑是一种新的逻辑类型。虽然可以考虑把它合并到以上已经谈到的(康德)范畴论那一类型去。但是,看起来这部著作是太独特、太任性了。"①对黑格尔辩证逻辑的这种理解非常普遍,这在很大程度上要由其本身的缺陷负责。

黑格尔理论的这种缺陷,与其更为重要的另一缺陷密切相关,这就是黑格尔把其辩证逻辑理论置于从绝对理念出发的客观唯心主义哲学体系之中。尽管他的辩证逻辑要求把握"共相"与"个别"的对立统一,但他的"绝对理念"完全是任何"个别"都要来于斯又回归于斯的绝对"共相",整个系统都需要它的"第一推动",其范畴体系又是绝对理念的化身,其辩证内核实际上为这样的哲学体系严重遮蔽。因此,这种哲学理论只能归入马克思、恩格斯所谓"神圣家族",其辩证逻辑理论"在其现实形态上是不适用的"(恩格斯语)。

黑格尔的辩证逻辑,在马克思主义创立与发展的过程中起到了特殊的作用。青年马克思与恩格斯通过社会实践理论的创立,彻底告别了他们曾经信奉的黑格尔的绝对唯心主义,但是他们也在自己的科学研究中深切体会到对于完整的逻辑工具的需要,因而致力于拯救黑格尔理论中辩证逻辑的"合理内核"。恩格斯在其晚年的几部哲学名著中曾就此做了总结。恩格斯先后断言:

> 在以往全部哲学中仍然独立存在的,就只有关于思维及其规

---

① 肖尔兹:《简明逻辑史》,张家龙译,北京:商务印书馆1977年版,第22页。

第一章 逻辑史话:"逻先生"的历史概貌

律的学说——形式逻辑与辩证法。其他一切都归到关于自然和历史的实证科学中去了。①

对于已经从自然界和历史中被驱逐出去的哲学来说,要是还留下什么的话,那就只留下一个纯粹思想的领域:关于思维过程本身的规律的学说,即逻辑和辩证法。②

只有当自然科学和历史科学接受了辩证法的时候,一切哲学垃圾——除了关于思维的纯粹理论——才会成为多余的东西,在实证科学中消失掉。③

我们同时引用这三段大体相当的话旨在表明,与黑格尔不同,恩格斯所使用的"逻辑"一词在此仍指谓"形式逻辑",在恩格斯看来,形式逻辑不属于应当归于消失的"哲学垃圾"。恩格斯多次把形式逻辑的创始人亚里士多德称为"古代世界的黑格尔""带有流动范畴的辩证法派",说明他并没有把形式逻辑与辩证法看作相互拒斥的理论。他指斥当时的许多不可知论者"缺乏逻辑与辩证法的修养"④,其中的"逻辑"也是指"形式逻辑"。同时,恩格斯这里使用的"辩证法"(至少在前两段话)显然是"辩证逻辑"的同义语。其所强调的并不是关于自然和历史的辩证法(他认为那已经是广义"实证科学"的研究对象,如马克思在《资本论》中和他本人在《自然辩证法》中所实践的那样),而是"纯粹思想领域"的"辩证法"。马克思与恩格斯从没有否认形式逻辑在人类理性思维中的作用,在自己的研究与论证实践中也熟练地加以运用。一个明显的事实是:"马克思的《资本论》不仅是运用了辩证法,而

---

① 恩格斯:《反杜林论》,北京:人民出版社1999年版,第24页。
② 恩格斯:《路德维希·费尔巴哈与德国古典哲学的终结》,北京:人民出版社1972年版,第48页。
③ 恩格斯:《自然辩证法》,北京:人民出版社1971年版,第188页。
④ 同上书,第218页。

且同时也成功地运用了他那个时代的逻辑手段和数学手段。"①

马克思和恩格斯对形式逻辑之作用的肯定,还体现在他们对归纳与演绎在理性思维中的互补作用的辩证把握上。恩格斯强调:"归纳和演绎,正如分析和综合一样,是必然相互联系着的。不应当牺牲一个而把另一个捧到天上去,应当把每一个都用到该用的地方,而要做到这一点,就只有注意它们的相互联系、它们的相互补充。"②正确把握演绎与归纳的关系,也是正确理解它们与辩证逻辑之相互作用的一个关节点。关于如何破解休谟对归纳推理合理性的质疑,马克思、恩格斯认为需要引进"社会实践"范畴才能真正予以破解。恩格斯就此解释说:"单凭观察所得的经验,是决不能充分证明必然性的。*Post hoc*[在这以后],但不是 *propter hoc*[由于这]……这是如此正确,以致不能从太阳总是在早晨升起来推断它明天会再升起,而且事实上我们今天已经知道,总会有太阳在早晨不升起的一天。但是必然性的证明是在人类活动中,在实验中,在劳动中:如果我能够造成 *Post hoc*,那么它便和 *propter hoc* 等同了。"③"(社会)实践"范畴的引入,是马克思、恩格斯试图把黑格尔型"不适用"的辩证逻辑改造为"适用"的辩证逻辑的出发点和落脚点。

恩格斯的下面这段话,经常被用来作为马恩轻视乃至拒斥形式逻辑的论据:

> 辩证逻辑和旧的纯粹的形式逻辑相反,不像后者满足于把各种思维运动形式,即各种不同的判断和推理的形式列举出来和毫无关联地排列起来。相反地,辩证逻辑由此及彼地推出这些形

---

① 沙青、张小燕、张燕京:《分析性理性与辩证理性的裂变》,石家庄:河北大学出版社2002年版,第13页。
② 恩格斯:《自然辩证法》,第206页。
③ 同上书,第207页。

第一章 逻辑史话:"逻先生"的历史概貌

式,不把它们互相平列起来,而使它们互相隶属,从低级形式发展出高级形式。①

这段文字来自《自然辩证法》手稿中的一段札记,并没有经过发表前的仔细斟酌。从上下文可以看出,恩格斯这里说形式逻辑把判断和推理的形式"毫无关联地排列起来",并不是指形式逻辑没有自己的理论系统,而是指形式逻辑并没有使用"流动范畴"考察判断与推理的辩证"关联"。他举出的例子是:对于"摩擦是热的一个源泉""一切机械运动都能借摩擦转化为热""在每一情况的特定条件下,任何一种运动形式都能够而且不得不直接或间接地转变为其他任何运动形式"这三个判断,在(传统)形式逻辑那里,只能处理为同一类全称肯定判断,而用关于"个别""特殊"与"普遍"的辩证范畴理论考察,我们可以看到:"可以把第一个判断看作个别性的判断:摩擦生热这个单独的事实被记录下来了。第二个判断可以看作特殊性的判断:一个特殊的运动形式(机械运动形式)展示出在特殊情况下(经过摩擦)转变为另一个特殊的运动形式(热)的性质。第三个判断是普遍性的判断:任何运动形式都证明自己能够而且不得不转变为其他任何运动形式。到了这种形式,规律便获得了自己的最后的表达。"②这种分析,当然和演绎与归纳分析居于不同层面,而同样明显的是,它们也是以演绎与归纳分析为前提条件的。

上面引用的这段手稿,是马克思、恩格斯所有著作中唯一出现"辩证逻辑"这一术语的地方。在他们公开发表的文字中,除了引用和指谓黑格尔的《逻辑学》之外,他们所使用的"逻辑(学)"一词都是明确指谓"形式逻辑"的。这是他们与黑格尔的一种自觉区隔,是他们对"形

---

① 恩格斯:《自然辩证法》,第201页。
② 同上书,第203页。

式理性法庭"之尊重的体现。

"把每一个都用到该用的地方",这个要求不但适用于演绎逻辑与归纳逻辑,当然也适用于辩证逻辑。不过,结合他们自己的成功实践,马克思、恩格斯更为强调的是对祛除黑格尔神秘色彩之后的"辩证法"的把握之必要性与重要性。恩格斯有言:"甚至形式逻辑也首先是探询新结果的方法,由已知进到未知的方法,辩证法也是这样,只不过是更高超得多罢了。"①"辩证法对今天的自然科学来说是最重要的思维形式,因为只有它才能为自然界中所发生的发展过程,为自然界中的普遍联系,为从一个研究领域到另一个研究领域的过渡提供类比,并从而提供说明方法。"②马克思、恩格斯以及后来的列宁都曾提出在黑格尔工作的基础上建构科学形态的辩证逻辑的任务,但他们只是提出了一些重要的指导思想,并没有真正实现这项工作。

曾被广为引用的恩格斯关于"初等数学"与"高等数学"的比喻,的确比较贴切地表明了当时恩格斯心目中形式逻辑与辩证逻辑之关系的认识。"初等数学"尽管是"初等"的,但并不是要拒斥或抛弃的。《反杜林论》中有数十处指斥杜林自相矛盾、自语相违之处,就是要表明其论辩对手没有遵守"初等逻辑"的基本法则。须知,恩格斯视域中的"形式逻辑"只是传统形式逻辑,尽管作为现代逻辑基石的逻辑演算系统已于1879年由弗雷格创立(详后),但长期鲜为人知,直到20世纪初才得以广泛传播;加之受黑格尔在"绝对理念"统摄下贬低形式逻辑思想的影响,恩格斯并未考虑到长期停滞不前的形式逻辑被赋予新的生命而获得长足发展的可能,也没有注意阐明形式逻辑与其所谓"形而上学的思维方式"的严格区分。这一点不应苛求于先贤。但是,作为马克思主义产生的哲学背景之一,黑格尔哲学的"反形式逻辑面

---

① 恩格斯:《反杜林论》,第140页。
② 恩格斯:《自然辩证法》,第28页。

第一章 逻辑史话:"逻先生"的历史概貌

貌",在后来马克思主义哲学发展的过程中产生了重大的负面影响,使得辩证逻辑研究与现代逻辑发展长期脱节,极大地限制了辩证逻辑的发展及其作用的发挥;这种局面直到近年才有所改观,这不能不说是历史的巨大遗憾。

4. 逻辑的现代发展

在 19 世纪末 20 世纪初,当严复等学者已开始致力于引入西方传统逻辑之时,西方逻辑学的发展已逐步进入其历史上的第三大"高峰期"。这个高峰首推演绎逻辑所获得的长足发展。

如前所述,中世纪经院逻辑对古希腊逻辑的恢复与丰富,奠定了"德先生"与"赛先生"的理性之基。但是,基于科学研究以及民主政治的发展对逻辑工具的需求,以直言三段论和简单的命题逻辑推理为核心的传统演绎逻辑之局限性也日益彰显。特别是其囿于亚里士多德三段论理论的传统,只能比较圆满地处理关于直言(性质)命题的逻辑推理,而在关于关系命题的推理研究方面捉襟见肘。比如下面这样的简单推理:

有的选民拥护所有候选人,所以,所有候选人都有人拥护。

任何实数都小于有的实数,所以,没有最大的(不小于任何实数的)实数。

所有马都是动物,所以,所有马的头都是动物的头。

从直观上看,根据亚里士多德所阐明的"形式保真"的有效性理念,这几个推理都应当是有效的、"必然地得出"的,因为我们难以找到其"推理形式"与它们相同,但前提为真、结论为假的"反例"。但找不到反例不等于没有反例,问题的关键在于说明这样的推理为什么有效,这正是演绎逻辑的职责所在。然而,这样的关系推理的逻辑机理,在传统演绎逻辑中并不能得到说明。我们知道,人类实际求真思维的基本出发点不但需要把握对象的性质,而且需要把握对象之间的关系,甚至在某种意义上说后者是更重要的。亚里士多德本人的"范畴"理论实际上也揭示了这一点。因此,不能处理关系推理,是传统演绎逻辑一个最重大的缺陷。经过数代逻辑学家的长期探索,直到现代演绎逻辑的确立,这个缺陷才得到真正克服。

现代演绎逻辑的创生经历了一个长时期的孕育与发展过程。其创生过程可追溯到17世纪德国数学家和哲学家莱布尼茨的"数理逻辑"研究纲领的提出。

大家知道,莱布尼茨(G. W. Leibniz)既是与牛顿齐名的微积分的创始人,也是在哲学史上影响深远的"单子论"的提出者,他对传统演绎逻辑的多方面缺陷有着深切的体会。但是,他坚决反对归纳主义者对传统演绎逻辑之作用的贬低,捍卫其在科学思想体系中的基础地位;同时,他也长期致力于克服传统逻辑的缺陷。他对同时诞生于古希腊的逻辑与数学两门学科的不同发展状况进行了比较思考,得出了这样的结论:数学之所以能够在当时得到突飞猛进的长足发展,得益于其系统使用人工表意语言进行纯逻辑推演的"数学方法",而逻辑学长期不能克服传统逻辑的缺陷而止步不前,缘于其仍然以自然语言为主要研究工具。因此,如果尝试使用数学方法来研究逻辑,或许可以找到逻辑发展的新出路。于是,莱布尼茨提出了运用数学方法来从事逻辑学研究的系统的研究纲领。我国逻辑学家莫绍揆曾把这个研究纲领概述如下:

> 创造两种工具,其一是通用语言,另一种是推理演算。前者的首要任务是消除现存语言的局限性(没有公共语言,任何语言都不是人人所能懂的)、不规则性(任何语言都有很多不合理的语

第一章 逻辑史话:"逻先生"的历史概貌

言规则),使得新语言变成世界上人人公用的语言;此外,由于新语言使用简单明了的符号、合理的语言规则,它将极便于逻辑的分析和逻辑的综合。后一种,即推理演算,则用作推理的工具,它将处理通用语言,规定符号的演变规则、运算规则,从而使得逻辑的演算可以依照一条明确的道路进行下去。①

这种"通用语言"加"推理演算"的研究纲领,实际上已体现了现代演绎逻辑所使用的主要研究方法——形式系统方法的基本精神。这就不难理解为什么肖尔兹说"提起莱布尼茨的名字就好像是谈到日出一样"②。不过,肖尔兹等学者把莱布尼茨视为现代逻辑的"创始人",有些言过其实。尽管莱布尼茨提出了研究纲领,并且自己也据此做出了一些重要的工作,从而开始了逻辑学研究"数学转向"的历程;但是他本人的工作并没有克服传统演绎逻辑的一些根本性缺陷,特别是不能处理关系推理的缺陷。而且莱布尼茨当时的这些成果并没有发表,一直到对莱布尼茨有深入研究的康德,也并不了解莱布尼茨的这些工作。

现代演绎逻辑创生史上的另一项里程碑式的成果,是莱布尼茨研究纲领提出近二百年之后,由 19 世纪英国数学家乔治·布尔(G. Bool)提出的"逻辑代数"。其成果体现在布尔的主要著作《逻辑的数学分析》(1847)和《思维规律研究》(1854)之中。从前者的书名即可看出,布尔的工作是莱布尼茨纲领的新的实践。布尔发现,概念与命题之间的逻辑关系与某些数学运算很相似,代数系统可以有不同的解释,将之推广到逻辑领域,就可以构成一种思维演算。布尔主要构建了两种代数系统:"类代数"和"命题代数",前者把亚里士多德逻辑做

---

① 莫绍揆:《数理逻辑初步》,上海:上海人民出版社 1980 年版,第 10 页。
② 肖尔兹:《简明逻辑史》,张家龙译,第 48 页。

了重要推进,能够处理亚里士多德逻辑不能处理的空类问题,从而对关于性质命题的推理问题做了非常彻底的审查;后者则是历史上第一个完整的命题逻辑演算系统。布尔关于同一抽象代数系统可作不同解释的认识,也是现代模型论思想的先驱。但是,布尔代数仍然不能处理关系推理的逻辑问题。

真正在关系逻辑研究上有较大突破的,是与布尔同时代的英国数学家德·摩根(A. de Morgan),他试图运用代数手段研究关系的逻辑性质,在历史上第一次系统考察了关系的对称性、传递性及关系的互逆、互补等性质,这无疑是关系逻辑研究上的重要推进。但是,我们仍然不能说德·摩根已经创立了关系逻辑理论。这就好比说,如果亚里士多德仅仅提出了《解释篇》中关于性质命题的对当关系理论而没有提出《前分析篇》中的直言三段论理论,尽管这也是重要贡献,但我们不会说亚里士多德是演绎逻辑的创始人。

现代演绎逻辑的真正出生,是以德国数学家和哲学家弗雷格(G. Frege)于1879年出版的《表意符号》(又译《概念文字》)一书为标志的。这个书名昭示了它和莱布尼茨纲领的历史关联,同时也是莱布尼茨之诉求的真正实现。尽管弗雷格研究逻辑的初始动因,是为当时的数学奠定更为坚实的逻辑基础,但他的《表意符号》建构的命题逻辑与谓词逻辑系统,实际上是演绎逻辑一般理论的全新成就,迄今仍是现代演绎逻辑的基础系统,其中的谓词逻辑系统不但能够像布尔代数那样圆满地把握关于性质命题的推理机理,而且可以圆满地把握关于关系命题的推理机理。

弗雷格之所以能够取得这样的成功,首先源于他的两个极为重要的发现:一是命题函数的发现,二是真正的逻辑量词的发现。我们可通过下面的例子来理解弗雷格的这两个发现。请考虑下面这个推理:

如果一个人是全心全意为人民服务的,那么就不害怕批评;

第一章 逻辑史话:"逻先生"的历史概貌

张三是全心全意为人民服务的;

所以,张三不害怕批评。

这个显然能够"必然地得出"的推理,需用什么形式机理加以说明呢?学过传统逻辑的读者可能立即会想到命题逻辑中的如下有效式(充分条件假言推理肯定前件式):

如果 p,那么 q

p

所以,q

但是,要用这个形式说明,那么两个前提中的 p 必须是同一个命题,但在上面的实际推理中并非如此。传统逻辑学家解决这个问题的办法,是将第一个前提转化成如下表达式:

所有全心全意为人民服务的人都是不害怕批评的。

这样再把第二个前提和结论做适当调整,就是一个有效的直言三段论了。但是弗雷格发现,我们根本无须这样把一个假言命题调整成一个直言命题,便可以直接对之做如下刻画:

对于所有个体 x 来说,如果 x 是全心全意为人民服务的人,那么 x 是不害怕批评的。

这显然就是原来的假言前提所表达的意思,因为这里的个体变元 x 可以代入任何个体的名称,当然也可以代入"张三",故可得:

如果张三是全心全意为人民服务的人,那么张三是不害怕批评的。

由这个前提加上另一前提,仍可使用上列假言推理的肯定前件式说明原推理的"形式保真"性。弗雷格指出,这种分析可以得出如下至关重要的结果。

仔细审视不难见得,上述经过改造的假言前提的前件"x 是全心全意为人民服务的人"和后件"x 是不害怕批评的",实际上都不是有真假的命题,而是一种带个体变元的"个体—真值"函数:一旦个体变元的值被确定,那么就会形成一个其真值"随之而唯一地确定"的命题。弗雷格指出,按照这样的分析,原来的亚里士多德逻辑中的直言命题的主谓项都可转化为这种函数表达式。如传统逻辑学家常用的例子:"所有人都是会死的",可以转化为:

对于所有个体 x 来说,如果 x 是人,那么 x 是会死的。

对传统逻辑中的特称(存在)命题来说,也可做同样的处理,只不过要把假言联结词改为联言(合取)联结词。如"有些人是不害怕批评的"可表示为:

存在个体 x,x 是人,并且 x 是不害怕批评的。

这样,就把原来直言命题中居于主项位置的普遍词项,都转化成了个体词的谓词表达式。故以这种命题函数式构造的逻辑系统被统称为"谓词逻辑"。

显而易见,从"命题函数"形成有真假的"命题"有两个途径:一是将个体变元代入为个体常元(专名),二是在命题函数前加上"对于所有个体 x 来说"和"存在个体 x"这样的"量词",前者称为"全称量词",后者称为"特称(存在)量词"。弗雷格指出,它们就是过去没有被发现的真正的"逻辑量词"。

有的读者或许感到奇怪,传统逻辑不是一直研究"所有""有些"这些量词并将之作为逻辑常项吗?怎么能说直到弗雷格才发现真正的逻辑量词呢?这是因为,在传统逻辑的"所有 S 都是 P"和"有的 S 是 P"这样的形式刻画中,全称量词和存在量词都只是约束主项的外延

第一章 逻辑史话:"逻先生"的历史概貌

的;而上面两个带个体变元的量词却是约束整个"个体域"(论域)的,如果不限制个体论域,那么它们就是约束世界上所有个体组成的"全域"的。就逻辑的普遍有效性的追求而言,它们才是货真价实的"逻辑量词"。所以,弗雷格的谓词逻辑又被称为"量化逻辑"。

弗雷格自己所给出的逻辑量词及命题联结词的人工符号表达并没有被广泛采用,我们这里也使用现在学界比较通用的符号表达式。全称量词可简单表示为"(x)",存在量词为"(∃x)",用"→"表示假言联结词"如果……那么……",用"∧"表示联言联结词"并且",再用"Hx""Mx""Nx"分别表示"x 是人""X 是会死的"及"X 是不害怕批评的",则上述全称命题和存在命题可分别表述为:

(x)(Hx → Mx)

(∃x)(Hx ∧ Nx)

弗雷格指出,上述"命题函数"和"逻辑量词"的发现,为把握关系推理的逻辑机理提供了条件。因为像"x 拥护 y""x 大于 y"这样的二元关系表达式,"x 在 y 与 z 之间"这样的三元关系表达式,也都可以看作命题函数,因而可以同样方便地处理关系推理。比如,我们可以将前面提到的"有的选民拥护所有候选人,所以,所有候选人都有选民拥护"这个关系推理的前提和结论分别刻画如下(其中,"Rxy"表示"x 拥护 y","Xx"表示"x 是选民","Zx"表示"x 是候选人"):

(∃x)(Xx ∧ (y)(Zy → Rxy))

(x)(Zx → (∃y)(Xy ∧ Ryx))

弗雷格表明,经过这样的刻画,只要我们制定出关于消去和引入量词的一些简单规则,再使用已经充分把握的命题逻辑法则,不但可以刻画人们日常使用的二元、三元关系推理,而且也可以完整地刻画任意有穷多元的关系推理。他遵循莱布尼茨纲领,在《表意符号》一书中建立起了"通用符号"加"推理演算"的完整的命题逻辑与谓词逻辑系统,从而一举实现了逻辑学家追求两千多年的统一把握性质逻辑与关系逻辑的理想。

由于种种原因,《表意符号》一书开始并未能得到学界广泛关注,直到20世纪初年,由于英国数学家和哲学家罗素(B. Russell)等人对弗雷格成果的大力推广与完善,弗雷格的伟大成就才逐步得到广泛关注和认可。其实,罗素本人和当时的欧美学界一些学者都曾独立地发现了"命题函数",但他们都未达到弗雷格那样对谓词逻辑或量化逻辑的系统严整的建构。因而弗雷格被公认为现代演绎逻辑最重要的奠基人。

从以上对现代演绎逻辑创生史的简单追溯可以看出,现代逻辑研究的"数学化转向",虽然在研究方法上改变了传统逻辑所使用的自然语言工具而改用数学化符号语言,但其研究诉求与传统演绎逻辑是完全一致的。通常流行的"数理逻辑""符号逻辑"的命名,都是从其研究方法着眼的,而不是从研究对象着眼的。就其研究结果来说,它把握了传统逻辑所长期没有把握的人类关系推理的逻辑机理,因而实际上比传统逻辑更为逼近了人类实际的逻辑思维,奠定了人类形式理性的更为坚固的基础。现代演绎逻辑与传统演绎逻辑的关系,是同一门学科的不同发展阶段,而不是两门不同的学科。那种认为现代演绎逻辑远离人类实际思维,只是纯粹数学学科的认识,是不符合逻辑发展史实际的。

弗雷格的成就奠定了现代逻辑大发展的基础,使得20世纪成为西方逻辑发展史上的第三大"高峰期"。这首先表现在,亚里士多德《后分析篇》所开创的演绎科学方法论研究实现了巨大的飞跃。《后分析篇》的演绎科学方法论所提出的是建构"实质公理系统"的思想,欧几里得几何学的出现成为实践这种思想的典范。这种方法的要义,是

第一章 逻辑史话:"逻先生"的历史概貌

在一个知识领域内选择一些命题作为理论的初始命题(公理),通过演绎推理推演理论的一系列导出命题(定理)。但由于逻辑工具的贫乏,在"实质公理系统"中从公理到定理的演绎推导,在很大程度上依赖于认知共同体的"逻辑直觉"(如其中大量使用的关系推理);由于这些推导的逻辑机理并没有得到彻底澄清,推导中也往往隐含着一些人们不自觉地使用的未经审查的前提。而弗雷格对于关系逻辑的系统建构,使得人们可以建构完全克服实质公理系统的这种缺陷的"形式化公理系统",从而使得演绎科学方法论发展到研究"形式化公理系统"(通常简称"形式系统")的现代阶段。

在建构现代"演绎科学方法论"上做出最大贡献的,是英国数学家希尔伯特(D. Hilbert)和波兰逻辑学家塔尔斯基(A. Tarski)。希尔伯特指出,对于遵循莱布尼茨研究纲领所实现的现代逻辑革命,不能仅作"用数学方法来研究逻辑问题"的表层理解,因为以往的数学所建构的公理系统也都是有着上述缺陷的实质公理系统;而弗雷格建立的现代演绎逻辑系统,实际上把演绎逻辑本身彻底形式化了,他所使用的是可以严格区分系统的语形学与语义学的"形式系统方法",可以实现摆脱人类直觉因素的最高程度的严格形式推演。这样,在历史上第一次使得彻底严格的"元理论"研究成为可能。换言之,现代演绎逻辑方法的实质不在于使用"数学方法",而在于在严格区分"思想形式"与"思想内容"的亚氏传统之上,进一步建构能够严格区分思想形式之"语形"与"语义"的形式系统,从而可以严格地研究系统的语形学、语义学及其相互关系。这种研究不仅可以实施于逻辑系统本身,而且可以实施于任何可以公理化的非逻辑理论,只要我们把理论的公理形式化,同时又使用形式化的逻辑工具,那么就可以构建该理论的"形式系统",继而研究系统的"元理论"性质。鉴于克服以往理论出现的"悖论"的需要,希尔伯特强调了系统的相容性(无矛盾性)的严格证明。

同时,由于可以严格地区分语形学与语义学,我们可以严格讨论如下问题:是否在该系统内可以表达的所有"真理"(语义概念)都必定是该系统的"定理"(语形概念),这就是所谓系统的"语义完全性"问题。希尔伯特把这种关于"形式系统"的元理论整体性质的探讨称为"证明论"。在希尔伯特工作的基础上,塔尔斯基进一步指出,形式系统方法的出现,不但使得我们可以做严格的语形学研究,而且可以做严格的语义学研究。同一形式系统可以做不同的语义解释,从而形成不同的语义"模型",研究这些不同"模型"的性质及其相互关系,成为他所开创的"模型论"或"形式语义学"的研究核心。"证明论"与"模型论",构成了现代演绎科学方法论的主要理论。

20世纪30年代初,遵循希尔伯特所指示的方向,年仅二十出头的奥地利青年学者哥德尔(K. Gödel)连续获得了两项重大成果。这两大成果使得哥德尔成为世所公认的与亚里士多德、弗雷格齐名的历史上最伟大的逻辑学家之一。

哥德尔的第一项成果,是所谓"哥德尔完全性定理"。其所证明的是:弗雷格所建构并且被罗素等人所完善的一阶谓词—量化逻辑形式系统是具有"语义完全性的",也就是说,凡是在系统中可以表达出来的"逻辑真理",都必定是该系统的"语形定理",即都必定能够在该系统中得到证明。如前所述,该系统不但可以表达传统的复合命题逻辑、性质命题推理,而且可以表达关于有穷多元的关系命题推理,因而这个结果的重要性是不言而喻的。

哥德尔的第二项成果,是所谓"哥德尔不完全性定理"。其所证明的是:对于任何足够复杂(其复杂度达到初等数论)的形式系统而言,如果它是相容的(无矛盾的),那么它就必定不是语义完全的。这个结果有一个重要推论(史称"哥德尔第二不完全性定理"):对于任何足够复杂的形式系统而言,如果它是相容的,那么它的相容性是不可能在该系统之内得到证明的。哥德尔的这个结果在当时学界引起了极大的震动,因为它不仅清楚地揭示了作为公理化方法之最高成就的形式系统方法的局限性,而且否定了希尔伯特提出"证明论"的初始追求:彻底证明现有数学系统的相容性,确保悖论不再出现。由于哥德尔的证明严格遵循了"证明论"的要求,是无懈可击的,从此人们只得把希尔伯特的"绝对相容性"诉求弱化为"相对相容性"诉求。

"哥德尔不完全性定理"的证明,也粉碎了为当时已经确立的"公理化集合论系统"提供严格的相容性证明、确保其不再出现悖论的希望。这些公理化集合论系统都是为消除导致"第三次数学危机"的集合论悖论而建立的,它们都因为其复杂性高于初等数论而被哥德尔不完全性定理所统摄。哥德尔定理尽管说明了形式系统方法的局限性,但同时也有力展示了形式系统方法的巨大威力,使得现代逻辑基本研究方法和现代演绎科学方法论得以最终确立。

上述意义的"证明论""模型论",加上"集合论"和"递归论",经常被称为"狭义数理逻辑"(有时再加上逻辑演算基础理论),其中"集合论"可视为布尔的"类演算"向无限类研究扩张的结果;递归论则是对"能行可计算"这种"受控推理"的研究(也为哥德尔在证明不完全定理时所创立),是计算机科学和人工智能的直接理论基础之一。在现代学科分类体系中,它们经常被归到"数学基础"研究之下,但它们又都具有一般哲学与方法论价值,属于当代逻辑学与数学学科的交叉研究领域。

现代演绎逻辑另一个方面的巨大发展,是"哲理逻辑"学科群的兴起。

由上面的评述可以看出,现代逻辑的创生是在一批数学家的手中完成的,但这些数学家都具有强烈的哲学关怀,许多人本身就是出色的哲学家。同时,由于逻辑学在西方哲学中的基础地位,新型逻辑理论的创建自然引起哲学家们的高度关注。弗雷格的谓词—量化逻辑的建立尽管解决了关系逻辑的基础问题,从而可以完整地刻画人类逻辑思维的基础框架(在这个意义上,弗雷格的一阶谓词—量化逻辑又被称为"经典逻辑"),但是,就演绎逻辑刻画人类思维演绎推理的有效性机理之诉求来说,它显然仍是不够的,自然需要在新的基础上加以扩张。遵循亚里士多德研究"模态三段论"的先例,这种扩张最先体现在研究模态逻辑上。第一个运用形式系统方法研究模态逻辑,构造现代模态逻辑系统的是美国概念论实用主义哲学的创始人刘易斯(C. I. Lewis)。他的方法是在经典逻辑的基础上引入"必然""可能"这两个模态算子和关于它们的公理与规则,来建构各种模态逻辑形式系统。随着前述演绎科学方法论的发展,到 20 世纪中期,克里普克(S. Kripke)等人创建了"可能世界语义学",使现代模态逻辑得以确立。这些成果继续鼓舞了逻辑学家们把研究向"广义模态逻辑"扩张,即在经典逻辑基础上,通过引进时态算子("过去""现在""将来"等)建立"时态逻辑",引进认识论算子("知道""相信"等)建立"认识论逻辑",引进道义算子("应当""允许"等)建立"道义逻辑",如此等等,形成了一个庞大的新型学科群。由于这些新算子都来自哲学中的一些基本概念或范畴,所以被广泛地称为"哲理逻辑"或"哲学逻辑"。

上述意义上的"哲理逻辑"有一个共同的特点,就是他们都是在经典逻辑基础上的"保守扩张",即都是在承认经典逻辑的基础上,通过引入新的哲理性算子构造逻辑系统,探究基于这些算子的逻辑推理机理。但是,也有一些哲学家和逻辑学家指出,相对于人类实际思维而言,经典逻辑本身具有"高度理想化"的特点,虽然这是科学抽象难以避免的,但逻辑研究也应当反过来逐步逼近人的实际思维,沿此思路又产生了各种"异常逻辑"。之所以称为"异常逻辑",乃因为这些逻辑系统的构建背景,都在某些关键点上"异于"经典逻辑基本理念,比如异于经典逻辑的二值性而建构"多值逻辑",异于经典逻辑谓词的精确性而建构"模糊逻辑"(又称"弗晰逻辑"),异于经典逻辑实质蕴涵理论的"相干逻辑",异于经典逻辑"个体域非空"和"专名非空"假设而建构没有这种假设的"自由逻辑",甚至建构不承认"排中律"的"直觉主义逻辑"和不承认"矛盾律"的"亚相容逻辑"(又译"次协调逻辑""弗协调逻辑"等),如此等等。当然,对这些变异逻辑系统也可实施扩充,从而形成"多值模态逻辑""亚相容模态逻辑"等"变异扩充"系统。由于这些"变异"都基于一定的哲学考虑,许多学者也把"变异逻辑"学科群称为另一大类"哲理逻辑"。

这两大类"哲理逻辑"研究在 20 世纪后半期形成了研究热潮,出现了许多学派,但由于它们具有共同的形式系统方法,又具有共同的"演绎有效性"诉求,因而可以展开富有成效的研究对话,极大地推进了对人类实际演绎推理机理的认识与把握。

现代归纳逻辑的发展,也是 20 世纪逻辑发展高峰的一个重要侧面。其特点是依托现代演绎逻辑的长足发展,在与演绎逻辑的互动中展开研究。20 世纪前半期归纳逻辑研究主流的特点,是将归纳逻辑的研究重心从传统归纳逻辑关于"科学发现"(假说之提出)的归纳机理研究转移到"科学检验"(假说之验证)的归纳机理研究,其显著标志是概率工具的引入和系统运用。实际上,在培根的《新工具》出版约四十年之后,法国数学家帕斯卡(B. Pascal)等就已通过赌博中的"可能性"的量化研究制订了概率演算的基本原则,此后莱布尼茨等人也对此做了理论与应用研究(包括在法庭证明与决策中的应用),布尔也曾试图对他的逻辑代数做概率解释。但是,令人遗憾的是,他们都没有将概率演算引入归纳逻辑研究。"数学家在提炼、发展帕斯卡的概率理论时,偏重于纯数学的考虑,没有正式把它应用于科学实践中的主要逻辑问题(实质上属于归纳逻辑的各种现实原型),根本没有重视在科学上的不同实验证据对假说有多大支持程度的问题。换句话说,他们在很大程度上忽视了帕斯卡概率理论对于归纳性质的原型的恰当相符性和适应性问题。另一方面,培根传统的哲学家虽然一直在考虑归纳逻辑理论怎样适应现实原型,但他们大多忽视了概率研究。"[1]此后虽然也有将概率演算与归纳相结合的零星尝试,但直到 20 世纪 20 年代初,才由英国经济学家和哲学家凯恩斯(J. Keynes)对概率概念做了"逻辑解释",并将之系统地引入归纳逻辑研究。此后,逻辑经验主义的代表人物卡尔纳普(R. Carnap)等人运用现代演绎逻辑的形式系统方法建构了关于概率归纳演算的形式系统,以应用于科学验证("证据对假说的归纳支持")"确认度"的量化研究。20 世纪后半期迄今,"发现的逻辑"研究在新的基础上得到恢复与发展,特别体现在运用现代哲理逻辑的成果提出探求因果联系的新理论,而概率归纳逻辑研究出现了所谓"非帕斯卡方向"的"新培根主义"理论。"它一方面表现为培根的因果化方向和概率化方向的相互靠拢和有机整合的倾向,另方面则表现为概率原则的非帕斯卡化。后一方面的思想在概率逻辑中具有革命性意义,就像非欧几何对几何学发展的影响。"[2]这种"新培根主义"归纳逻辑,表现为对统一刻画"发现"与"验证"中的逻辑机理的诉求。归纳与演绎在人类实际思维中的互补机理,在这种新的探索中得到了更好的揭示。近来出现的各种"动态逻辑"系统,则试图系统刻画在实际思维中归纳与演绎的相互关联机制。

与现代演绎逻辑相比,现代归纳逻辑还处于相对初始的阶段。这表现在学界对概率归纳逻辑与演绎逻辑的关系、"归纳概率"的性质以及帕斯卡概率与非帕斯卡概率的关系等基本问题上尚未达成较高程

---

[1] 桂起权、任晓明、朱志芳:《机遇与冒险的逻辑——归纳逻辑与科学决策》,东营:石油大学出版社 1996 年版,第 20 页。

[2] 同上书,第 24 页。

度的"共识"。比如,有人认为卡尔纳普等人构造的概率逻辑形式系统具有明显的演绎特性,怀疑它们究竟应当算作归纳还是算作演绎。这显然是把"研究手段"与"研究对象"相混淆了。因为演绎逻辑与归纳逻辑之不同,主要在于它们的研究对象之不同。只要其研究对象是非必然性推理或论证,当然属于归纳逻辑的范畴。我们认为,在分清层面的基础上,归纳逻辑研究(以及辩证逻辑研究)不但不应排斥演绎逻辑工具,反而需要充分利用演绎逻辑工具。实际上,即使是传统归纳逻辑研究,也离不开演绎逻辑工具的支撑。比如,如果我们认识到简单枚举归纳等许多归纳推理前提与结论之间的"逆演绎"性质(前提对结论的形式保假性),就会对其逻辑机理有更好的理解。

现代辩证逻辑的发展,经历了比较曲折的历程。由于前已说明的历史原因,辩证逻辑的发展与现代逻辑发展主流有较长时期的脱节。但自20世纪70年代以来,这种情况已有较大改观。这首先得益于现代演绎逻辑与归纳逻辑发展中出现的许多待解决问题(例如狭义与广义逻辑悖论问题),特别是异常逻辑的崛起所带来的问题,越来越体现出对辩证思维方法的需求,以致西方分析哲学家也发出了"让黑格尔讲英语"的呼吁。前述哲理逻辑引入哲学范畴作为逻辑算子而展开的一系列精密研究,为辩证逻辑的发展提供了全新的条件。同时,在现代哲理逻辑研究中,在扩充逻辑与变异逻辑两个方向上,具有辩证法背景的工作呈现增长趋势,被许多学者视为"辩证逻辑的形式化"(至少是部分形式化)。我们认为,这种形式化工作的性质与运用演绎逻辑新工具来研究归纳逻辑的性质是一致的,可以进一步揭示演绎、归纳和辩证逻辑三大基础理论的互动关联,从而迎来逻辑发展的崭新局面。实际上,随着哥德尔不完全性定理为科学理论永恒发展的辩证法原理提供了严格的逻辑证明,可能世界语义学乃至新近确立的情境语义学这些具有浓厚"辩证"意味的重大理论成就的出现,那种认为形式逻辑具有"反辩证"性质的观点已不攻自破。对这些成就的辩证分析也可明显地昭示出辩证思维方法对于现代逻辑及相关学科发展所可能具有的重要功能。我们知道,哥德尔在晚年曾致力于概念与范畴理论的思考,并得出了这样的结论:"一个概念是一个整体——一个概念性整体,由否定、存在、合取、全称、客体、概念(的概念)、整体、意义等等初始概念组成。我们对所有概念的总体没有清楚的观念。一个概念在比集合更强的意义上是整体;它更是一个有机的整体,就像人体是其部分的有机整体。"① 这已经非常接近辩证逻辑关于"具体概念"的思想。我们赞同这样的观点:"辩证理性与分析性理性在分析性之精确性的前提下的有机统一,是科学现代化的历史必然。"② 置身于跨学科研究的时代,我们不应再缠绕于"辩证逻辑是不是逻辑"之类基于不同的逻辑观的定义之争,而应努力探索在形式逻辑获得巨大发展之后,如何建构当代形态的辩证逻辑或辩证思维方法论。

即使持有狭义逻辑观(仅把演绎逻辑视为逻辑)的学者,也大多并不否认归纳逻辑与辩证逻辑本身的研究价值。因此,问题的关键不在于逻辑观之争,而在于分清不同的理论层面,把握这些不同层面在人类理性思维中的相辅相成的互动互补机理,从而更好地体现这三大基础理论为"求真""讲理"服务的本性。

20世纪逻辑科学的发展的另一个重要特点,是逻辑应用研究空前广泛的展开。现代逻辑的应用不仅改变了哲学研究的面貌,导致了哲学研究的"语言论转向",也改变了许多学科乃至现代科学技术整体发展的风貌。20世纪前半期语言学中乔姆斯基生成转换语法,心理学中皮亚杰的认识发生学,乃至导致当代信息技术革命的冯·诺意曼型

---

① 转引自王浩:《逻辑之旅:从哥德尔到哲学》,邢滔滔、郝兆宽、汪蔚译,杭州:浙江大学出版社2009年版,第387页。
② 沙青、张小燕、张燕京:《分析性理性与辩证理性的裂变》,石家庄:河北大学出版社2002年版,第2页。

计算机的诞生等,都是直接运用现代逻辑最新成果的产物。以系统论、信息论、控制论为先导的当代系统科学的出现,也与现代逻辑发展中提供的新工具密切相关。20世纪后期以来,现代逻辑应用更是形成了遍地开花的局面,其理论与方法不同程度地渗透到几乎所有学科领域之中(例如当代模态逻辑成果被运用到"分析的马克思主义"与"分析的宗教哲学"研究之中);同时,这种应用也为逻辑学研究提供了许多亟待探索的新问题和新视域。

5."应用逻辑"的崛起与当代"逻辑地图"

综观当代逻辑科学发展全景,还可看到一个居于逻辑基础理论与逻辑应用之间的"中介式"学科群,即"应用逻辑"学科群。我们认为,这个学科群不但十分重要,而且它已日益成为当代逻辑科学的研究重心。因而,我们需要在此多做一些讨论,以使读者更全面地把握逻辑科学的当代脉动。

近年来,关于当代逻辑科学发展"转向"即研究重心转移的讨论在我国学界展开,先后提出了"认知转向""非形式转向"等主张。[①] 我们认为,这种讨论对于我国逻辑教学研究现代化事业的发展及其作用的发挥具有重要意义。与之构成呼应的是,在国际逻辑学界享有盛誉的《哲理逻辑手册》(*Handbook of Philosophical Logic*)第一主编、英国著名逻辑学家盖贝(D. M. Gabbay),在该手册第2版第13卷发表了他与著名非形式逻辑专家伍兹(J. Woods)合作的长篇论文《逻辑学的实用转向》,系统论述了他们关于当代逻辑科学的研究重心应从考察"推论"(inference)与"论证"(argument)的理想结构,转变为考察认知

---

① 参见鞠实儿:《论逻辑学的发展方向》,载《中山大学学报·逻辑与认知专刊(2)》,2003年7月;陈慕泽:《逻辑的非形式转向》,载冯俊主编:《哲学家·2006》,北京:人民出版社2006年版。

主体的实际推理(reasoning)与论证(arguing)过程之逻辑机理的主张,并提出了建构一般"实用逻辑"(practical logic)的基本构想。① 我们认为,在吸取上述观点合理精髓的基础上,可以提出当代逻辑科学"应用转向"的观点,即当代逻辑科学研究的重心应转向如下所阐释的"应用逻辑"。②

"应用逻辑"(applied logics)一词,在西方学界曾被用来指谓我们前面所阐释的第一类"哲理逻辑"学科群。这个学科群已被越来越多的学者称为"哲理逻辑"。这显然是一种更为恰当的称谓。该学科群虽然多由逻辑应用特别是在哲学中的应用启发而来,但本质上仍属"演绎逻辑基础理论"的范畴。它们作为"新工具",在大的学科层面上与经典逻辑基础理论相同,称为"应用逻辑"在语用上是不恰当的。"应用逻辑"也应与"逻辑应用"区别开来。前面提及的乔姆斯基生成转换语法、皮亚杰认识发生学都是运用现代逻辑新工具所获得的成果,但它们都属于"逻辑应用"的成果,而非"应用逻辑"。分析哲学中著名的罗素摹状词理论、克里普克因果历史命名理论等也是现代逻辑应用于哲学研究所获得的成果,它们也不是"应用逻辑"。西方某些学者秉承罗素—斯特劳森用法,把这些成果也称为"哲理逻辑"研究,这也是一种容易引人误解的不恰当称谓。

我们认为,"应用逻辑"的恰当定位,应是居于逻辑基础理论与逻辑应用研究之间的一个学科群,其典型范例就是在国内外学界已获得长足发展的"科学逻辑"。

"科学逻辑"(logic of science)是现代归纳逻辑的代表人物卡尔纳普首先使用的一个学科称谓,用以指谓演绎逻辑与归纳逻辑在科学理

---

① Dov M. Gabbay, John Woods. "The Practical Turn in Logic", *Handbook of Philosophical Logic*, Second Edition, vol. 13, Dordrecht: Springer, 2005, pp.25—123.

② 参见张建军:《当代逻辑科学"应用转向"探纲》,载《江海学刊》2007年第6期。

论结构中的作用机理研究。这种用法被后人发展为对如下研究领域的称谓,即逻辑因素在科学研究各环节作用机理以及逻辑因素与非逻辑因素相互作用机理的系统探究与把握,也就是在科学研究中的逻辑应用方法论研究。在逻辑主义占主导地位的时期,主要集中于前一方面机理的研究;历史主义兴起后,科学逻辑研究的重心转移到后一方面机理的研究,其在当代学科体系中所发挥的重要作用是有目共睹的。

我国的科学逻辑研究肇始于20世纪60年代,80年代初形成了系统的研究纲领,把科学逻辑定位为"经验自然科学的逻辑方法论",即"关于科学活动的模式、程序、途径、手段及其合理性标准的理论",分为"发现的逻辑""检验的逻辑"和"发展的逻辑"三个基本方面,对演绎逻辑、归纳逻辑与辩证逻辑的基本理论与方法在科学研究中的作用机理展开了全面研讨。① 我国科学逻辑研究的突出特点,是在20世纪80年代全面启动之初,即确立了在逻辑主义与历史主义之间维持必要的张力、探索其对立互补机理的研究纲领,并取得了一系列与国际学界发展趋势相合拍的重要成果,这在很大程度上得益于我们既立足于逻辑学的现代发展,又能掌握辩证逻辑的基本理论。在世纪交替之际,我国科学逻辑研究又逐步完成了由经验自然科学方法论向经验社会科学乃至人文科学方法论的扩张,以在科学主义与人文主义之间维持必要张力的精神继续新的探索,在应对后现代思潮的冲击方面发挥着独特的作用。当前,我国科学逻辑研究的许多成果又呈现出与如下阐释的"认知逻辑""非形式逻辑"等学科交叉互动的景象,呈现出诸多新的研究路径。

实际上,上述意义上的科学逻辑研究的始祖,就是逻辑学之父亚

---

① 参见张巨青主编:《科学逻辑》,长春:吉林人民出版社1984年版。

里士多德的《后分析篇》。如前所述,《前分析篇》是演绎逻辑学诞生的标志,而《后分析篇》则是第一个系统的科学逻辑文本。尽管其主体是演绎科学方法论,但也建立了历史上第一个以归纳—演绎程序为中介、以观察和解释性原理为两翼的逻辑应用方法论体系。当代科学逻辑可以视为亚里士多德全面探讨科学研究中的逻辑应用方法论之诉求的当代后裔。而这种方法论本来就在亚里士多德本人的"分析学"即其"逻辑学"的视域之内。

以科学逻辑为范例,面向特定领域系统研究逻辑因素在该领域的作用机理,以及逻辑因素与非逻辑因素的相互作用机理,即关于该领域的逻辑应用方法论的系统探究与把握,重在把握具有一定可操作性的方法论模式与程序,这就是我们所界说的"应用逻辑"。明确这种"应用逻辑"的学科性质,以之观察当代国际学界诸多重要的研究领域,我们立即可以看到一个"应用逻辑学科群"正在崛起。

据此,我们可以对一些学者倡导的"非形式转向"与"认知转向"予以新的理解。

倡导"非形式转向"的学者,把逻辑转向的目标定位于"有效地发挥逻辑在素质教育中的作用",具体地说,就是侧重于研究如何提高社会成员"评价日常推理和论证的逻辑思维能力"。其研究重心分为相互关联的两个方面,一是"批判性思维"的逻辑机制的把握,二是非形式论证的建构与评估,统称"非形式逻辑"研究。

显而易见,以应用逻辑的观念视之,所谓"非形式逻辑",实际上是应用逻辑的一个重要分支,其研究诉求,就是要系统把握逻辑因素在日常非形式论证与批判性思维中的逻辑应用方法论,亦即系统把握逻辑因素在非形式论证与批判性思维中的作用机理,以及逻辑因素与非逻辑因素在其中的相互作用机理。据此理解,非形式转向也就构成"应用转向"的一个重要组成部分。

第一章 逻辑史话:"逻先生"的历史概貌

最早的"非形式逻辑"的西方著述,是亚里士多德的《论辩篇》及《辨谬篇》。因此,尽管亚里士多德本人并没有把它们放在"分析学"的题目之下,但《工具论》的编辑者把它们一并编入亚里士多德的逻辑著作集,并置于《后分析篇》之后,或许正是基于它们与《后分析篇》共同的逻辑应用方法论性质的考虑。但应当明确的是,这两篇的主体内容是在演绎逻辑诞生之前完成的,有很强的朴素性与初始性,不应作为现代非形式逻辑研究的典范。譬如,《辨谬篇》中列举的 13 种论证谬误,并未把形式谬误与非形式谬误区分开来。非形式逻辑另外的始祖,是中国先秦名辩学说特别是《墨辩》和古印度的《正理经》,其中有许多可资利用的宝贵思想。尽管其逻辑思想发展水平总体上并不高于《论辩篇》,但有自己诸多独特之处。

现代逻辑基础理论的巨大进展(包括哲理逻辑学科群的出现),为非形式论证中的逻辑应用提供了崭新的工具。例如,现代西方非形式逻辑学界许多学者所主张的"第三类推理"(如"检验式推理"(probative reasoning)、假定式推理(presumptive reasoning)等),究其实质,都可视为对经典或非经典的演绎与归纳推论在实际推理与论证中的作用机理的刻画。那种把非形式逻辑看作与形式逻辑相并列,甚至把演绎有效性和归纳可靠性标准在实际论证评估中予以摒弃的主张,显然是不符合非形式逻辑之本性的。

如果说,科学逻辑研究对于"赛先生"(科学)的发展具有重要意义,那么,非形式逻辑对于"德先生"(民主)的发展更是至关重要。不在全社会造成"尊重论证"的空气,就不可能有宪政民主的充分发展。前述当代西方政治哲学与法哲学界兴起的"审议式民主"的研究热潮,深刻反思了西方选举文化所暴露出来的种种弊端并探索其克服途径,其间与非形式逻辑研究的复兴与发展有着深层关联,进一步凸显出逻辑的社会文化功能,这是非常值得我们研究与借鉴的。

倡导"认知转向"的学者,则把逻辑转向的目标定位于"给出知识获取、知识表达以及知识的扩展与修正的认知模型与方法",主要目的在于为计算机科学与人工智能服务。这是因为20世纪中后期计算机科学进入了知识处理和智能模拟阶段,构造逻辑系统描述高级认知过程、模拟知识表达与处理、研制新型软件,已成为逻辑学领域的一个主流方向;而数理逻辑尤其是图灵机理论的发展,启发人们用计算机隐喻来理解人类的信息加工过程。这一切使得人类有可能运用心理学实验技术研究思维即高级认知过程的形式与规律。相应于以上两方面,作为新的逻辑类型的"认知逻辑"(cognitive logic)可以分为两个主要方向,一是"认识论逻辑",指在对认识论概念分析和对认识过程直观理解的基础上构建逻辑系统;二是心理(心智)逻辑,主要指在人类高级思维心理学研究基础上建立起来的逻辑系统。鉴于以上原因,许多论者强调,逻辑的认知转向,意味着向现代逻辑之父弗雷格的"反心理主义"研究纲领的告别。我们认为,上述观点对于我们把握当代逻辑发展的脉搏,有非常重要的启发价值。诚如有些学者指出,计算机科学和人工智能研究是当前和今后一段时期内逻辑学发展的主要动力源泉,至少是主要动力源泉之一。[①] 但人工智能研究中的逻辑应用,毕竟不是作为逻辑学家的主要工作,因此有必要进行层次辨析,从而分辨逻辑学与逻辑学家所可能起到的具有主体性的作用。

弗雷格能够成为现代逻辑的奠基人,与他区分逻辑的东西与心理的东西("反心理主义"要义)密切相关。由现代人工智能研究对逻辑应用的需求,并不能得出否认这种区分的必要性的结论。从"应用逻辑"的观点看,毋宁视之为对如下研究的强烈需求:在现代逻辑理论研究充分发展的基础上,重新探索逻辑的东西在心理的东西中的作用机

---

① 参见陈波:《从〈哲学逻辑手册〉(第二版)看当代逻辑的发展趋势》,载《学术界》2004年第5期。

理,或者说二者之间的相互作用机理。

上述"认知逻辑"的第一方面,就是我们前面提到的"认识论逻辑"(epistemic logics,通常也译为"认知逻辑"),它是"哲理逻辑"的重要分支,因而应隶属于逻辑基础理论,尽管有些系统直接根源于人工智能以及非形式论辩研究中提出的问题(如信念修正逻辑);在上述"认知逻辑"的第二方面,则需要将逻辑应用与应用逻辑两方面区别开来。逻辑基础理论在认知科学这个当代学科群(所谓大科学)中的广泛应用,使得作为该领域的逻辑应用方法论的"认知逻辑"(logic of cognition)或"心智逻辑"(logic of mind)的出现,成为必要和可能。这是逻辑学家及相关哲学家在该领域的真正用武之地。显然,这种意义上的认知逻辑或心智逻辑,是应用逻辑的一个重要成员,是连接基础逻辑与当代人工智能研究中的逻辑应用的桥梁。

除上述三大分支外,我们还可给予具有类似性质的"广义博弈逻辑"(含决策与公共选择逻辑)、"法律逻辑"、"教育逻辑"等学科以恰当定位。我们还可沿此思路建构新的应用逻辑学科。比如学界正在探讨的"经济逻辑",实际上可以分为两类,一类是"经济科学的逻辑",系科学逻辑的一个分支领域;一类是"经济活动的逻辑",实际上是在经济活动中的逻辑应用方法论研究。① 至于应用逻辑学科之间的划界与隶属关系则不必严格区别,一切以研究价值为转移。

有些已成型的学科领域的研究内容,实际上贯穿于基础逻辑、应用逻辑和逻辑应用三个层次或两个层次中,但明确区分这三个层面是具有重要意义的。比如面向自然语言的语言逻辑研究,迄今在上述应用逻辑层面上尚未获得明确的自觉意识。有的学者从现代语言逻辑更加注重"语言交际"研究的角度展开论述,倡导逻辑学研究应实现向

---

① 参见桂起权等:《经济学的科学逻辑论纲》,载《湖南科技大学学报》2005年第4期。

"更加关注语言的使用者,关注语言使用中人的因素"的转变。① 以应用逻辑观念视之,若从中界划出作为语言交际过程中的逻辑应用方法论的"语言交际的逻辑",则可确立应用逻辑的另一个重要分支。

由以上讨论可见,确立自觉的应用逻辑意识,可以为进一步开发逻辑基础理论成果的方法论功能提供新的路径,以便充分发挥逻辑应用方法论研究在逻辑基础理论与逻辑应用之间的中介、桥梁作用,促进三个层面的互动发展。

综上所述,对"逻辑学"这门学问的把握,可以借用亚里士多德的前、后"分析篇"的说法,狭义的"前分析篇"就是指演绎逻辑,广义的"前分析篇"就是演绎逻辑、归纳逻辑、辩证逻辑三大基础理论;狭义的"后分析篇"就是指科学逻辑(包括演绎科学方法论和经验科学方法论),广义的"后分析篇"即指应用逻辑学科群。这就是我们试图为读者描绘的"逻辑地图"的基本面貌。

在这幅地图的外围,既有广泛的逻辑应用研究,还有一些特殊的研究领域,它们不属于"逻辑学"本体,但在学科分类中也可归入广义"逻辑学科"的范围,这就是一系列"逻辑学之学",包括逻辑史学、逻辑哲学、逻辑社会学、逻辑文化学等。我们本节对逻辑发展史与逻辑观的讨论,就隶属于逻辑史学和逻辑哲学的范畴;而本书全书对逻辑的社会功能的讨论,则体现了一定的逻辑社会学与逻辑文化学的思想。

历经两千多年尤其是近百年来的锤炼与打磨,逻辑学由一门古老的工具学科发展成为非常丰富也不乏艰深课题的现代学科群,"大概已不再有任何一个人能够通观这整个领域的每一个细节了"②。诚然,

---

① 参见蔡曙山:《语用学视野中的逻辑学》,载《光明日报》2003 年 11 月 4 日。
② 施太格缪勒:《当代哲学主流》(上),王炳文等译,北京:商务印书馆 1986 年版,第 441 页。

逻辑学研究及其技术性应用是少量专家的任务,逻辑学研究的成果作用于社会文化领域需要经过许多中间环节。广大社会成员所需掌握的,只是旨在培育基本的逻辑思维素养的最基本的逻辑学常识。但是,历史发展也一再揭示,逻辑学的发展水平,是一个社会理性化程度的标志。只有真正重视"逻先生",真正拥有"学逻辑、用逻辑"之风的社会,才有可能实现"赛先生"和"德先生"所昭示的理想,这正是本书所要着力表明的。

第二章　演绎求"真":形式理性的法庭

"演绎"一词,是我国现代学者通过"演算"与"抽绎"之意的融合,对英语中 deduction 的意译,是"演绎推理或演绎论证"的简称。在很长时间内,这是这个词的唯一用法,商务印书馆出版的《现代汉语词典》也只列出了这一种用法。但由于这个词与古代汉语中已出现的"演义"一词同音,经常出现将二者混用的情况,近年更是出现了一些"转义"用法,比如"这部名剧的一次崭新演绎""这首歌的完美演绎"等,其中的"演绎"一词只能释义为"表演、表现"。甚至我国的《著作权法》也使用了"演绎作品"和"演绎权"这样的术语,用作"改编、翻译、注释、整理、编辑和摄制"等"再创作"作品及其权利的统称。这些新的用法都与逻辑学"演绎"一词无关。演绎逻辑所研究的演绎推理与演绎论证并不神秘,它们都是理性人的一种天赋能力,下面的例子可以很好地说明这一点。

某教会获得一个富翁的大笔捐赠,指定一位神父代为接受。在接受仪式上富翁迟迟未到,神父只好发表谈话打发时间。他谈到自己神职生涯中的一些难忘经历,其中提到他第一次听取告解的时候,忏悔者是一个杀人凶手,使他感到不知所措。稍后富翁赶到,在致辞时说明他与神父有缘,多年前曾向神父告解,而神父告知这是他第一次听取告解。富翁此言一出,举座哗然。①

富翁的话之所以引起"举座哗然"的反响,乃是因为听众从"神父

---

① 参见叶保强、余锦波:《思考与理性思考》,香港:商务印书馆1993年版,第141页。

的第一个告解者是杀人凶手"和"富翁是神父的第一个告解者"这两个前提,很容易推出"富翁是杀人凶手"的结论。这个推理显然是能够"必然地得出""形式保真"的有效的"演绎推理"。而如果我们以两个前提为论据去说服人们去相信结论(论题),就构成一个有效的、有高度说服力的"演绎论证"。即使我们未学过逻辑,也不会做不出这样的推理或论证。

然而,人们的这种天赋能力并不能总是得到正确运用。有时人们以为可以"必然地得出"的结论实际上并不真正能够推出。20世纪50年代初,是东西方"冷战"最热之时,美国笼罩在极端反共的"麦卡锡主义"阴影之中。在一次议会辩论中,议员贝克尔遭到另一位议员的如此诘问:"共产党极力反对我,而你也极力反对我,你与共产党何异?"深谙逻辑原理的贝克尔不紧不慢地站起来回应道:"亲爱的先生,我知道鹅喜欢吃白菜,而你也喜欢吃白菜,请问你与鹅何异?"对方立即哑口无言。贝克尔这个貌似"不相干"的反驳之所以有力,乃是举出了一个与对方的论证结构完全相同,但是前提(论据)为真而结论(论题)为假的"反例",表明对方的论证所使用的推理并不"形式保真",即使其前提都是真的,结论也不是能够"必然地得出"的,因而是"无效"的。

这个例子表明,即使如此简单的演绎推理和论证,也需要进行有效形式和无效形式的区分,更遑论一些更为复杂的情况了。只有在演绎推理和论证中使用有效形式,拒斥无效形式,合理的论辩及求真研究才有可能展开。换言之,演绎推理和论证能否从前提到结论"必然地得出",不是取决于其内容,而是取决于其形式。亚里士多德所创立的演绎逻辑学,其根本宗旨就是通过对推理形式的系统研究,将有效形式与无效形式区别开来,并为合理的演绎推理与论证制定形式规则。演绎的形式规则既是其推理的结论能否"必然地得出"的保障,也是判别"演绎"能否成立的标准。在理性思维中,有了这样的标准,便从思维形式结构的角度,为人们的求"真"活动建立起了审判其正误的"法庭"。

1. 演绎的特质

推理是逻辑思维的主体,而演绎推理又是逻辑推理中最为基础的部分。在不严格的意义上,人们常常将"演绎推理"与"演绎逻辑""演绎法"混用。其实,这三者之间是有区别的。

我们在前面给出了形式逻辑学家(无论传统形式逻辑还是现代形式逻辑)关于"演绎推理"的界说:所谓演绎推理就是有"形式保真"诉求的推理,看一个推理是否演绎"有效",就是看它是否是"形式保真"的。"形式保真"就是前提能够"必然地得出"结论,故演绎推理又称"必然性推理"。这种"形式保真""必然地得出",也经常被说成是前提"蕴涵"结论。我们在本书导言中讲过,人类思维中并不是所有推理都有这种"形式保真"的演绎诉求,从亚里士多德开始就研究这种前提到结论并不"保真",但是可为结论提供一定程度的"支持"的推理,统称"或然性推理"。形式逻辑学家把所有具有这种"或然性"诉求的推理都称为"归纳推理"。也就是说,形式逻辑学首先把推理划分为演绎推理(必然性推理)和归纳推理(或然性推理)两大类,然后分别研究他们的逻辑性质,区分好的推理和不好的推理。

换言之,如果你认为你的推理能够"必然地得出",那么就是在做演绎推理,而如果你的推理实际上并不能"必然地得出"(不能"形式保真"),那就是一个不好的演绎推理;如果你并不认为你的推理前提真结论必定真,而只是认为前提可以"或然地得出"结论,那么,你就是在做归纳推理,而如果实际上你的推理的前提对结论的"支持度"很低,那就是一个不好的归纳推理。

第二章 演绎求"真":形式理性的法庭

初学逻辑,需要把形式逻辑学对"演绎推理"与"归纳推理"的这种界划,与人们经常使用的哲学认识论上的界划区别开来。哲学认识论上所谓"演绎推理"即"从一般(普遍性)前提推出个别(特殊)性结论的推理",归纳则是"从个别(特殊)性前提推出一般(普遍性)结论的推理",这是从人的认识进程所做的界划。由这种界划看,类比推理既不是演绎的,也不是归纳的,所以我们经常看到"演绎""归纳""类比"三分法。但我们也经常可见人们把这两种根本不同的界划相混淆,造成了理解上的困难。实际上,形式逻辑上的"演绎"并不都是"一般到个别",如我们下面所要讨论的"直接推理";即使直言三段论推理也有许多不是"一般到个别",如"中子是基本粒子,中子是不带电的,所以有的基本粒子是不带电的"的这种常见三段论。"一般到个别"也不都是形式逻辑的演绎推理,如"绝大多数 M 是 P,这个 S 是 M,故这个 S 是 P",从演绎看它并不是有效形式,但若作为一个归纳推理形式使用,前提可为结论提供高度的支持(此即所谓"概率三段论"),因而从归纳逻辑视角看,具有这种形式的推理是一个好的归纳推理。同样,形式逻辑的"归纳"也不都是"个别到一般",如上述"概率三段论"与类比推理;"个别到一般"也不都是形式逻辑的归纳推理,比如后面要讨论的"完全归纳推理",就是能够"必然地得出"的演绎推理。可见,把这两种界划混为一谈,会带来不应有的混乱。

不过,如果我们运用辩证逻辑的"一般(普遍)"与"个别(特殊)"范畴去把握人类整体性思维进程,那么在"一般到个别"进程中形式逻辑的演绎推理当居主导地位;在"个别到一般"进程中则是归纳推理居于主导地位。但这完全是另一层面的问题。只有在分清层面的基础上才能做出清楚把握,不然就搞成"一锅糨糊"了。

一般地,人们把以形式逻辑含义上的"演绎推理"之有效性研究为基本内容的逻辑系统称之为"演绎逻辑"。传统的演绎逻辑的研究对

走近"逻先生"——逻辑、社会与人生

象包括亚里士多德开创的以直言命题的直接推理、直言三段论理论为主体的"词项逻辑"和斯多亚学派开创的以假言推理、选言推理理论为主体的传统"命题逻辑"。尽管传统演绎逻辑具有很大的局限性,但是,在现代演绎逻辑产生之前,正是它们奠定了作为"赛先生"与"德先生"之思维根基的西方形式理性的基础。传统逻辑主要运用自然语言手段的特点虽然限制了它们的发展,从理论上是它相对于现代演绎逻辑的缺点;但与现代逻辑的形式系统方法相比,其更强的可接受性恰恰是它的优点。作为逻辑启蒙,仍可以从现代逻辑观点指导下的传统逻辑的学习入手,借此训练理性化思维方式。

至于"演绎法",则是一个颇多歧义用法的术语。它有时也用作"演绎推理"的别名(或者在形式逻辑的意义上,或者在哲学认识论的意义上),有时又用作"公理化方法"甚或"形式系统方法"的别名;有时它指谓"演绎科学方法论",有时它又指谓经验科学方法论中的"假设—演绎"方法。我们在看到这一术语时,要注意分辨它的实际用法,不要把这些含义混为一谈。

虽然"演绎推理""演绎逻辑"和"演绎法"之间存在这些差异,但需要我们着重掌握的一点就是,形式逻辑所谓"演绎"的基本特征,就在于正确的演绎都能够"必然地得出";而之所以能够"必然地得出",是因为有形式规则的制约。在明确这一点的基础上,我们一起来分析一下关于演绎逻辑学之父亚里士多德的一则故事。

亚里士多德曾经是马其顿国王亚历山大儿时的宫廷教师,他后来回到雅典创办"吕克昂学园",也一直得到亚历山大大帝的资助,为亚里士多德的教学研究活动提供了重要条件,一直被传为学坛佳话。在近年中国少年儿童出版社推出的"人之初名著导读丛书"《亚里士多德与〈政治学〉》分册中,对亚里士多德教育亚历山大的情景做了生动的描述:

亚历山大天资聪颖,悟性很高。有一天,与王子一起学习的伙伴们要求亚里士多德讲一讲逻辑学命题"三段论",亚里士多德望了一眼亚历山大,缓缓地说:"这问题不能空想,如果结合实际就容易理解得多。我们希腊人有个很有趣的谚语说,如果你的钱包在你的口袋里,而你的钱又在你的钱包里,那么,你的钱肯定在你的口袋里。这就是一个非常完整的'三段论',即由大前提小前提,然后得出结论。"亚里士多德望着这群聚精会神聆听的少年,问亚历山大:"王子殿下,您听懂了吗?能不能结合雨中的景观再举个实例说明三段论呢?"春雨淅沥,蛙鸣一片。卡利斯提尼斯(亚氏之侄)问叔叔青蛙是否用肺呼吸。未等亚里士多德回答,亚历山大接着说:"青蛙怎么有肺呢?它又不是胎生动物。卡利斯提尼斯,你忘了老师刚刚还在说的三段论了吗?所有能呼吸的动物都有肺,所有胎生动物都能呼吸,所以,所有胎生动物都有肺。老师,我说得对吗?"亚里士多德一时语塞,竟找不到恰当的字眼来表达其惊讶的心情。波里比阿曾说:"此人(亚历山大)才智超乎常人才智之上,这点是无可质疑的。"①

不管这段绘声绘色的描述是有史料所本,还是来自作者的艺术构思,我们这里请读者仔细斟酌一下,看看这段故事中存在什么问题。知道亚里士多德生平思想历程的读者可能会提出,"三段论"理论是亚里士多德在其吕克昂学园后期才创立的,不可能用于对亚历山大的教学之中,不过,这不是我们这里要讨论的问题。我们提请读者思考的是,这段故事中有没有明显的"逻辑错误"呢?

故事中亚历山大的一个推理是如下这个三段论:

---

① 王方东、翟丽红:《亚里士多德与〈政治学〉》,北京:中国少年儿童出版社2001年版,第20—21页。

所有能呼吸的动物都是有肺的，

所有胎生动物都是能呼吸的动物，

所以，所有胎生动物都是有肺的。

按亚氏三段论理论，这个三段论无疑是有效的即"形式保真"的，它的推理形式即：

所有 M 是 P

所有 S 是 M

——————————

所有 S 是 P

前提形式与结论形式之间的横杠代表"所以"或"推出"。这里的"M""P""S"无论代入什么具体概念，都不可能从真前提得到假结论，因而结论是可以从前提"必然地得出"的。然而，故事中的亚历山大根据上述推理的结论，又进行了如下推理：

所有胎生动物都是有肺的动物，

所有青蛙都不是胎生动物，

所以，所有青蛙都不是有肺的动物。

这个推理是不是一个有效的推理呢？的确，这个推理的前提与结论都是真的，但是，正是亚里士多德说明，一个推理的前提到结论能否"必然地得出"，并不取决于其前提与结论实际上的真假，而是取决于其是否具有普遍的"形式保真"性。这个推理的形式可刻画为：

所有 M 是 P

所有 S 不是 M

——————————

所有 S 不是 P

第二章 演绎求"真":形式理性的法庭

亚氏三段论理论清楚地表明,这个三段论的形式是无效的。我们很容易为它找到前提为真而结论为假的反例,比如:

> 所有胎生动物都是动物,
> 所有青蛙都不是胎生动物,
> 所以,所有青蛙都不是动物。

这个推理与上面亚历山大的推理形式完全一样,但其前提明显为真而结论明显为假,这说明,原来亚历山大的那个推理是一个明显无效的三段论。因而,亚里士多德决不可能由此"惊讶"于亚历山大的"才智超常",即使他当时还未发明三段论理论。

通过这个例子可以说明"自觉"地区分"有效推理"与"无效推理"的必要性。我们承认演绎推理是人的一种天赋能力,但这并不意味着,人们能够自觉地把有效推理与无效推理区别开来。故事中的亚历山大或者说这个故事的作者,就明显地混淆了有效式与无效式。如果我们用这样的无效式思考问题,那么就会有下面的推理:"所有金属不导电,湿木不是金属,所以,湿木不导电。"若认为这个推理是"必然地得出"的,将它用在科学中会导致科学探究的混乱,用在日常生活中甚至会危及生命。再请考虑以下两个我们曾经相识的推理:

> 资本主义经济都是市场经济,
> 社会主义经济不是资本主义经济,
> 所以,社会主义经济不是市场经济。

> 资本主义制度都搞权力制衡,
> 社会主义制度不是资本主义制度,
> 所以,社会主义制度不搞权力制衡。

这两个推理与上面那个得出"青蛙不是动物"的推理形式如出一辙,我们可以由此深切体会演绎逻辑学致力于探究推理有效性的价值

走近"逻先生"——逻辑、社会与人生

所在。

无论传统演绎逻辑还是现代演绎逻辑,其核心诉求都是要把握演绎推理形式的这种"有效性",区分有效推理(论证)和无效推理(论证)。这里强调"形式",就是要表明推理或论证是否可以"必然地得出"结论,并不在于其前提和结论的内容是否为真,或者说,不在于前提是否合理,而只在乎推理或论证形式是否有效,即是否合乎逻辑。一个推理之所以有效,或者说形式保真,反映在两个方面:其一,我们可以代入任何实例(如上面将概念变项代以具体概念),如果前提内容是真的,它可以保证从真前提一定推出真结论。其二,一个推理是否有效,并不以其前提实际的真假为转移。前面我们已看到了前提与结论都真而形式无效的例子。即便其内容不是真的,其形式仍然有可能是有效的。比如,"所有动物都是会飞的,所有的人都是动物,所以,所有的人都是会飞的"。这个推理的形式与上面的形式相同,也是有效的。但是,后面这个例子其前提和结论在内容上显然不合乎经验事实,也就是说,前提和结论很明显是假的。如果没有理解演绎特质的人看到这个例子,很可能会说这个推理或论证不合逻辑。这显然是误解了演绎逻辑的"合逻辑"的本来意义。

如前所述,实际"逻辑"思维具有自发性的特点。一般地,人们能够拥有推理有效与否的朴素直观的看法,即使未学习、研究过逻辑学或受过专门的逻辑训练的人,凭借这种直观的看法往往也能正确地判别什么样的推理是正确的,什么样的推理不是正确的。但是,这种朴素直观的看法存在严重的缺陷——模糊、不精确。所以,根据这种模糊看法判定有效性时有出错的可能。20世纪末期,网络小说时兴起来,其中一本相当有销量的小说《第一次的亲密接触》,开篇便写有这样几句话:

如果我有一千万,我就能买一栋房子。

第二章 演绎求"真":形式理性的法庭

我有一千万吗?没有。

所以我仍然没有房子。

如果我有翅膀,我就能飞。

我有翅膀吗?没有。

所以我也没办法飞。

如果把整个太平洋的水倒出,也浇不熄我对你爱情的火焰。

整个太平洋的水全部倒得出吗?不行。

所以我并不爱你。①

笔者曾以这些语句作为逻辑学课程的开场白,问文科大学生这些说法对不对,由于没有掌握演绎的形式规则而仅仅凭借经验去判别这些推断的有效性,学生之间常常就真假、对错争论得不可开交。实际上,不管前提真假,这几个有着同样推理形式的"所以"犯了充分条件假言推理的"否定前件"谬误,是"所以"不来的。因而这种"逻辑"属于"痞子蔡"的"痞子逻辑"。逻辑学家的一个重要贡献就是把直观的有效性观念在逻辑系统内精确化、明晰化。人们注意到:"更正确地说,这是想承认这样一种事实:如果人们都是有理智的,那么他们应该只被那些具有真前提的有效论证所说服,但事实上,人们常常被那些非有效论证,或者被那些具有假前提的论证所说服,而不是被可靠的论证所说服。"②因此,"逻辑的一个中心问题是在有效的论证和无效的论证之间做出区分。形式逻辑系统,例如人们熟悉的语句和谓词演算,旨在提供有效性的精确规则和纯形式的标准"③。这样,推理究竟合不合乎"逻辑",就可以用其形式结构是否"有效"作为标准去判别了。没有这样的标准,或者离开这样的标准,就难免会出现"秀才遇到兵,有

---

① 蔡智恒:《第一次的亲密接触》,北京:知识出版社1999年版,第11页。
② 哈克:《逻辑哲学》,罗毅译,北京:商务印书馆2003年版,第21页。
③ 同上书,第8页。

理难说清"的情况。我们来看几个实例。

例一,某中学学生李霞与张玉相约:"如果明天上午不下雨,8点我们在教学楼前会面,然后一起去图书超市买书。"第二天上午,下起了小雨。张玉想:既然下雨了,李霞就不会去图书超市买书了。于是,张玉去了李霞的宿舍,想约李霞一起去图书馆查资料。谁知李霞仍然去了图书超市。两人见面后,张玉十分生气地责备李霞食言,李霞却说张玉的推论不合逻辑。俩人本是好友,因为这事弄得很不愉快。显然,这是由于张玉不理解"如果——那么——"这样的充分假言命题的逻辑性质,其推理与"痞子蔡"一样犯了"否定前件"谬误。(当然,张玉犯这种错误是不自觉的,而"痞子蔡"构造这样的推理属于"故意地犯谬误",属于一种诡辩手法。)

例二,在京剧《十五贯》中,糊涂县官过于执,主观断定苏戍娟和奸夫勾结,谋财害命,杀死尤葫芦,判处苏戍娟死刑。过于执断案所依据的主要理由就是苏戍娟长得漂亮。他认为:

> 凡是长得漂亮的女子都作风不正派(所谓"艳若桃李,岂能冷若冰霜")。
>
> 苏戍娟是长得漂亮的女子。
>
> 所以,苏戍娟作风不正派。

既然苏戍娟作风不正派,她必然与他人有私情,尤葫芦阻拦,故而他们共同杀死了尤葫芦。这倒是使用了我们前面提到的一个直言三段论的有效式。但我们仍可遵循逻辑形式的途径去追问其前提的真假。这个全称肯定命题本身的真假逻辑无法断定,但是逻辑可以帮助我们研究命题间的真假关系。这里,我们只要能够确定"有的长得漂亮的女子不是作风不正派的"(很容易确定其为真),就可必然地推出"凡是长得漂亮的女子都作风不正派"为假。

第二章 演绎求"真":形式理性的法庭

例三,某市检察部门对犯罪嫌疑人李某说:"不把经济问题交代清楚,你就不能离开本市。"过了几天,李某把经济问题交代清楚了,要求离开该市,检察部门仍不同意。李某便到处喊冤叫屈,说检察部门言而无信,检察部门却认为李某曲解了他们的要求,无端损害他们的声誉。这同样属于没有理解上面这个充分假言命题的逻辑性质,犯了"否定前件"的谬误。如果平民百姓没有一定的辨析其中逻辑对错的能力,将会导致检察部门的公信力受到怀疑和挑战。

如果我们能够把握演绎的特质,情况可能就不一样了。某市法院审理一件盗窃案件,犯罪嫌疑人拒不认罪,公诉人员经过反复研究,决定在搜出的大量赃物中,以追问一架新款数码相机的来历为突破点,揭露被告人的狡辩,使其认罪。下面是这次法庭调查中的一段笔录:

公诉人(出示从被告家中搜获的一架新款数码相机)问:被告,这架相机是谁的?

被告人:是我的,春节前买的。

公诉人:它有什么特征?

被告人:这是一架日本产索尼相机,没有什么特征。

公诉人:你用过它吗?

被告人:最近我一直在使用这架相机。

公诉人请求法官传证人到庭。法警领证人即失主到庭。

公诉人:证人,你认识这架相机吗?

证人:这是一架日本产新款索尼相机,是我的一个朋友送给我的。三个星期前被盗了。发现失窃后,我立即向派出所报了案。

公诉人:相机有什么特征吗?

证人:有。我的相机内侧的右上方涂了一块红漆。另外,这架相机有个特点,它有一个暗钮,不熟悉的人找不到这个暗钮,也打不开相机。

公诉人:被告,你把这架相机打开。

被告人:审判长,假如我能把它打开,那就证明相机是我的,对吗?!

审判长:不对!打开了,并不证明它一定是你的;如果你打不开,那就证明它一定不是你的。

法警把相机递给被告人,被告人颠来倒去拨弄了好几分钟,也没有打开,神色慌张,手足无措。

公诉人:被告人,你究竟能不能打开?

被告人:唔……我现在忘记了。不过这架相机肯定是我的。

公诉人:你刚才不是说,你最近一直在用这架相机吗?既然你一直在用,为什么又不知道怎么打开呢?

被告人低下了头,无言以对。

审判长:证人,请你把相机打开。

证人接过相机,随着一阵开机音乐响起,相机打开了。然后,他向法庭展示了相机内侧右上方涂的红漆。

审判长:被告人,你现在还有什么要说的吗?

被告人脸色煞白,冷汗涔涔,狼狈不堪……

这段庭审记录表明,公诉人从出示相机追问被告开始,到迫使被告人低头认罪,充分显示了演绎推理的理性力量。它突出地表现在:其一,公诉人要被告人打开相机——被告人:"审判长,假如我把它打开,那就证明录像机是我的,对吗?!"审判长:"不对!打开了,并不证明它一定是你的;如果你打不开,那就证明它一定不是你的。"这里,被告人企图混淆逻辑关系,实际上,能够打开这架相机,只是这架相机属于他的必要条件,即"有之不够,无之不行"。就是说,"能够打开"并不

第二章 演绎求"真":形式理性的法庭

能证明是他的;"不能打开"就证明一定不是他的。被告人企图把它混淆为充分条件,即"有之足矣",就是说,"能够打开"就一定证明是他的。审判长敏锐地察觉到被告人偷换逻辑条件关系的伎俩,立即给予驳斥。其二,当被告人打不开相机的时候,说"我现在忘记了",公诉人立即给予驳斥:"你刚才不是说,你最近一直在用这架相机吗?既然你一直用,为什么又不知道怎么打开呢?"这里的假言推理是:如果你最近一直在使用这架相机,你就一定能够熟练地开机;你现在不会开机,所以你最近并不是一直在使用这架相机。这就说明,被告人说了谎话。由于公诉人揭露了被告人前言后语之间出现的逻辑矛盾,迫使被告人低头认罪。

林肯为小阿姆斯特朗的辩护词也是值得我们在此推荐和分析的案例。作为辩护律师的林肯与控方证人在法庭上展开了如下辩论:

林肯:你真的看清了被告?

证人:是的,我看清了。

林肯:你在草堆后,被告在大树下,两处相距20至30米,你能看清吗?

证人:看得很清楚,因为月光很亮。

林肯:你肯定不是从衣着方面看清的吗?

证人:不是的,我肯定看清了他的脸,因为当时月光正照在他的脸上。

林肯:你能肯定时间是夜里11点钟吗?

证人:充分肯定。因为我回屋看了时钟,那时正是11点15分。

(而案发当天相当于我国农历九月初八或初九,夜里11点钟左右是没有月光的。)

林肯大声地说道:"我不能不告诉大家,这个证人是个彻头彻尾的骗子！"

这场法庭辩论中，林肯的辩论之所以具有不可辩驳的逻辑力量，之所以让作伪证的证人屈服，是因为他的辩护中包含两个有效的必要条件假言推理：

只有在月光的照射下，证人才能看清被告的脸，

那时（夜里 11 点）没有月光，

所以，证人不可能看清被告的脸。

这个必要条件假言推理的一个前提否定了假言命题的前件，结论否定了假言命题的后件。这种推理结构叫作必要条件假言推理的否定前件式。

只有在月光的照射下，证人才能看清被告的脸，

证人看清了被告的脸，

所以，那时（夜里 11 点）一定有月光。

这个必要条件假言推理的一个前提肯定了假言命题的后件，结论肯定了假言命题的前件。这种推理结构叫作必要条件假言推理的肯定后件式。

也许有人会奇怪，为什么逻辑演绎特别强调形式的有效性呢？因为我们运用演绎主要是想发现新知识，或者是修正旧知识。在进行理论上的探索时，我们往往无法确定我们所依赖的前提或结论究竟是不是真的。如果我们早已知道其为真，那就是旧知识了，也就谈不上什么探索、创新或发现了。如果演绎的形式是有效的，通过实践检验发现其结论为假时，我们就可以推测，这很可能是诸多前提中至少有一个是假的，继而检验前提的真假。如果我们能够检验出某个前提原本是假而被我们假设为真，就必须修正这一前提。这样我们的知识就又前进了一步。比如，我们原来有如下推理："所有天鹅都是白的，所有

澳大利亚的天鹅都是天鹅,所以,所有澳大利亚的天鹅都是白的。"后来我们发现澳大利亚有黑天鹅存在,可以确定原推理的结论是假的。但由于这里的推演形式是有效的,我们就可以推知,其前提至少有一个是假的。那么,这样的两个前提究竟何者为假呢?显然,"澳大利亚的天鹅是天鹅"不可能是假的,另一个前提"所有天鹅都是白的"就必然是假的。当然,也有可能前提原来已经被检验为真,而且演绎推理的形式也是有效的,所得结论即使目前无法检验其为真,我们也可以相信其必然为真。一个经典的案例是爱因斯坦提出光具有波粒二象性的理论被普遍承认后,法国科学家德布洛意运用一系列有效演绎推理(及一系列直言三段论的连锁式)推出了"物质波"理论。

凡物质都是有质量的,

凡有质量的都是有能量的,

凡有能量的都是有频率的,

凡有频率的都是有脉动的,

凡有脉动的都是有波动性的,

所以,凡物质都是有波动性的。

1927年电子衍射图样的发现,证实了德布洛意推测的物质波的理论。1929年,德布洛意获得了诺贝尔奖。在德布洛意推测"物质波"之前,"物质"的"波"属性是不可想象的事情。而德布洛意的成功,也再一次让人们感受到了合乎逻辑地演绎的科学力量。

当然有些前提本身并不是单纯的符合不符合事实问题,它还涉及主观价值评判问题,即受认识主体认识水平和情绪倾向等限制,很难使某些前提完全符合事实。而要尽可能避免非理性因素对人们求"真"思维和目的的负面影响,演绎逻辑特别偏重于对推理形式有效性问题的关注。至于人们在日常生活中所说的合不合乎"逻辑",往往只

走近"逻先生"——逻辑、社会与人生

意味着他所说的话是否合乎情理,其形式是否有效却并不一定。形式有效的、合乎逻辑的推演有的可能合乎情理;也有可能每个命题都合乎情理,但其推理形式却并不合乎逻辑。恰恰是后一种情况,即不合乎逻辑(推理无效性)的情况,被那些没有受过逻辑训练的人"坚持"认为自己的思维是"很合乎逻辑的"。这是逻辑要发挥其社会功能的困难所在,也是发展逻辑的社会性事业的空间和使命所在。

2. 以规则保证

演绎的有效性是可以用逻辑语形和逻辑语义的方式进行证明的,但这样的证明过程并不是在任何情况下都需要的。在大量有效式的基础上,逻辑学者对传统演绎推理形式概括出了简便的规则(在现代逻辑中主要是通过公理化或形式化方法来保障推理的有效性)。在日常思维中,只要遵守了这样的规则,一方面可以合乎逻辑地推理和思维,另一方面,也可以检验推演的产品是否有效。

传统演绎逻辑揭示了演绎推理有哪些有效式,又制订了哪些需要遵循的规则呢?

在亚里士多德型词项逻辑方面,首先是直言命题对当关系推理中的有效式和规则。

直言命题之间存在一种对当关系,所谓对当关系是指同一素材的直言命题 A、E、I、O[①] 之间存在的真假制约关系。如下四个直言命题便是同一素材的直言命题。

---

① 直言命题之所以用 AEIO 的符号表示依循的是欧洲中世纪经院逻辑的约定,这是根据拉丁文"Affirmo"和"Nego"而制定的。"Affirmo"的意思是"我肯定","Nego"的意思是"我否定",全称肯定命题 A 是取"Affirmo"的第一个元音,表示"全是",特称肯定命题 I 取"Affirmo"的第二个元音,表示"存在";全称否定命题 E 取"Nego"的第一个元音,表示"全否",特称否定命题 O 是取"Nego"的第二个元音,表示"存在否"。有的学者用 a、e 表示单称肯定命题和单称否定命题,也有的学者直接用 A、E 表示单称肯定命题和单称否定命题。

第二章 演绎求"真":形式理性的法庭

所有花是红的　　（A）

所有花不是红的　（E）

有花是红的　　　（I）

有花不是红的　　（O）

这四个命题只是量项（所有、有些）和联结词（是、不是）不同,而它们的主项是相同的,谓项也是相同的。直言命题的对当关系是指:A与E之间的反对关系;A与O、E与I之间的矛盾关系;A与I、E与O之间的差等关系;I与O之间的下反对关系。它们之间所具有的真假制约情况是:反对关系指A与E之间,可同假(一个假,另一个真假不定)、不同真;下反对关系指I与O之间,可同真(一个真,另一个真假不定)、不同假;矛盾关系指A与O、E与I之间,不同真、不同假;差等关系指A与I、E与O之间:A真,则I真;E真,则O真;I假,则A假;O假,则E假。

在对当关系基础上进行推理,其有效式有:(用"⊢"表示"必然地得出",用"¬"表示"并非")

反对关系:(1) SAP ⊢¬SEP,比如,由"某车间所有产品都是合格的"真,可以必然地推出"某车间所有产品都不是合格的"假,但我们不能由"某车间所有产品都是合格的"真,必然地推出"某车间所有产品都不是合格的"真。(2) SEP ⊢¬SAP,比如,由"某车间所有产品都不是合格的"真,可以必然地推出"某车间所有产品都是合格的"假,但我们不能由"某车间所有产品都不是合格的"真,必然地推出"某车间所有产品都是合格的"真。

矛盾关系:(1) SAP ⊢¬SOP,(2) SOP ⊢¬SAP,(3) SEP ⊢¬SIP,(4) SIP ⊢¬SEP,(5) ¬SAP ⊢SOP,(6) ¬SEP ⊢SIP,(7) ¬SIP ⊢SEP,(8) ¬SOP ⊢SAP。具有矛盾关系的直言命题之间,必然地相互推出真与假。当然,我们是不可能对矛盾关系的直言命题进行真与

真、假与假之间的相互推出的。

　　差等关系：A 与 I、E 与 O 之间是蕴涵关系，即（1）SAP⊢SIP，（2）SEP⊢SOP；I 与 A、O 与 E 之间是逆蕴涵关系，（3）¬SIP⊢¬SAP，（4）¬SOP⊢¬SEP。比如，由"某车间所有产品都是合格的"真，可以必然地推出"某车间有产品是合格的"真，但不能由"某车间所有产品都是合格的"假，必然地推出"某车间有产品是合格的"假；由"某车间所有产品都不是合格的"真，可以必然地推出"某车间有产品不是合格的"真，但不能由"某车间所有产品都不是合格的"假，必然地推出"某车间有产品不是合格的"假。由"某车间有产品是合格的"假，可以必然推出"某车间所有产品都是合格的"假，但不能由"某车间有产品是合格的"真，必然地推出"某车间所有产品都是合格的"真；由"某车间有产品不是合格的"假，可以必然地推出"某车间所有产品都不是合格的"假，但不能由"某车间有产品不是合格的"真，必然推出"某车间所有产品都不是合格的"真。

　　下反对关系：（1）¬SIP⊢SOP，（2）¬SOP⊢SIP。比如，由"某车间有产品是合格的"假，可以必然地推出"某车间有产品不是合格的"真；由"某车间有产品不是合格的"假，可以必然地推出"某车间有产品是合格的"真。但不能由"某车间有产品是合格的"真，必然地推出"某车间有产品不是合格的"真或假；由"某车间有产品 不是合格的"真，必然地推出"某车间有产品是合格的"真或假。

　　其次是直言命题变形推理的有效式和规则。

　　直言命题变形推理就是通过改变一个直言命题的形式，由一个直言命题推出另一个直言命题的推理。直言命题变形推理主要有两种基本形式，即换质推理和换位推理。要使换质推理能够从所给的真实前提必然地推出真实的结论，必须遵守以下规则：第一，推理时不改变前提命题的主项和量项；第二，改变前提命题的质，即把肯定命题变为否定命题,把否定命题变为肯定命题;第三,找出前提直言命题谓项的矛盾概念,用它作为结论直言命题的谓项。

直言命题换质推理的有效推理形式有:

(1) SAP ⊢ SE$\bar{P}$,(2) SEP ⊢ SA$\bar{P}$,(3) SIP ⊢ SO$\bar{P}$,(4) SOP ⊢ SI$\bar{P}$。

比如:

所有金属都是导电的,所以,所有金属都不是不导电的。

唯心主义者不是马克思主义者,所以,唯心主义者是非马克思主义者。

有些学生是党员,所以,有些学生不是非党员。

有些疾病不是传染的,所以,有些疾病是不传染的。

每个直言命题都对其主项和谓项所反映的对象范围作了断定。一个直言命题如果断定了其主项或谓项所反映的全部对象,这个主项或谓项就是周延的。没有断定其主项或谓项所反映的全部对象,这个主项或谓项就是不周延的。直言命题中的主项和谓项,究竟是否周延则是由命题的量项和联项决定,而直言的量项和联项又决定着命题的具体形式,所以,直言命题主项和谓项的周延问题就可以转换为命题形式问题。要确定一个命题的主项、谓项是否周延,只要看它处于什么命题之中即可辨识。直言命题主项和谓项的周延情况:

命题种类	主 项	谓 项
全称肯定命题	周 延	不周延
全称否定命题	周 延	周 延
特称肯定命题	不周延	不周延
特称否定命题	不周延	周 延
单称肯定命题	周 延	不周延
单称否定命题	周 延	周 延

要保证直言命题换位推理能够从所给的真实前提不得出虚假的结论,必须遵守以下规则:第一,推理时不改变前提命题的联项,即前提命题是肯定的,换位后还是肯定的;前提命题是否定的,换位后仍为否定。第二,将前提命题的主项和谓项的位置互换。第三,在前提中不周延的项,换位后也不能周延。

直言命题换位推理的有效式有:(1) SAP⊢PIS,(2) SEP⊢PES,(3) SIP⊢PIS。

由"所有的商品都是劳动产品",可以必然地推出"有的劳动产品是商品",但不能必然地推出"所有劳动产品都是商品"。如果这样推理,就是将前提中"劳动产品"这个不周延的概念扩大了外延,使其由不周延变成了周延。这样推理是无效的。

由"正当防卫不负刑事责任",可以必然地推出"负刑事责任的(行为)不是正当防卫"。

由"有些中学生是歌迷",可以必然地推出"有些歌迷是中学生"。

我们不能从"真理都是有用的"推出"有用的都是真理",也不能从"有的人不是说谎者"推出"有的说谎者不是人"。如果这样推理,就是将前提中不周延的概念"有用的(理论)"和"人"的外延,由不周延扩大为周延的概念。

再次是直言三段论的一般规则和有效推理形式。

直言三段论推理是借助于一个共同的项将两个直言命题连接起来,并从中推出结论的间接推理。

直言三段论推理应该遵守如下规则。

(1)每个三段论只能有三个项,否则,犯"四概念"的逻辑错误。比如:"白头翁会飞,王大爷是白头翁,所以,王大爷会飞。"此推理中的"白头翁"语词可以表达多个概念,第一个概念所指对象是"鸟",第二个概念所指对象是"老人",它们不是同一个概念。再如,"所有的鸟是有羽毛的,拔光了羽毛的鸟是鸟,所以,拔光了羽毛的鸟是有羽毛的。"此推理的"鸟"也是同一个语词表达着不同概念。第一个概念所指对象是有羽毛的"鸟",第二个概念所指对象是被拔光羽毛后的"鸟"。在直言三段论推理中,有人常常利用这样的偷换概念方式进行不正确推理,以达到其混淆视听的目的。

(2) 中项至少周延一次,否则,犯"中项不周延"的错误。比如:"张三是罪犯,李四是罪犯,所以,李四是张三。"此推理的中项是"罪犯",在两个前提中都是肯定命题的谓项,都不周延,所以,不能起到有效联结大项"张三"与小项"李四"的作用。再如:"有的舞迷是小孩,有的舞迷有孩子,所以,有的小孩有孩子。"此推理的中项是"舞迷",在两个前提中都是特称命题的主项,都不周延,也不能起到有效联结大项"小孩"与小项"孩子"的作用。这样的推理是无效推理。

(3) 前提中不周延的项在结论中不得周延,否则,犯大项不当扩大或小项不当扩大的错误。比如:"党员要守法,我不是党员,所以,我不要守法。"这个推理中,"守法"概念在前提中是肯定命题的谓项,是不周延的,但在结论中是否定命题的谓项,是周延的,这就扩大了概念的外延。再如:"你骂甲生疮,甲是中国人,所以,你骂中国人生疮。"这个推理中,"中国人"概念在前提中是肯定命题的谓项,是不周延的,但在结论中是全称命题的主项,是周延的,也扩大了它的外延。这个规则也回答了本节开头所述故事中亚历山大关于"青蛙不是有肺的动物"的推理为什么无效的问题。

(4) 两个否定的前提推不出结论,否则,犯双否定前提的错误。比如:"艾滋病不是源于中国,肺炎不是艾滋病,所以,肺炎不是源于中国。"这个推理中,"艾滋病"是中项,在大前提中与"源于中国"排斥,在小前提中与"肺炎"概念排斥,没有起到联结小项和大项的作用,不能必然地推出结论。

（5）前提中有一个否定结论为否定，否则，犯结论不当肯定的错误。比如："商品是劳动产品，空气不是劳动产品，所以，空气不是商品。"在这个推理中，不能得出"空气是商品"的结论。否定命题不论是E还是O，都是对概念之间全异关系的概括，如果结论是必然地从前提中推导出来的，那么，若前提有概括概念全异关系的命题，结论也必然有概括概念全异关系的命题。

（6）两个特称前提推不出必然结论，否则，犯双特称前提的错误。双特称前提，即大小前提不外乎是这样的组合：I与I，I与O，O与I，O与O。在I与I的组合中，由于没有周延的项，会违反"中项至少周延一次"的规则；在I与O的组合中，O命题的谓项是周延的概念，可以满足了"中项至少周延一次"的要求，但由于前提中有O命题，即有全异关系的概括，结论必然有全异关系的概括，即结论是否定命题，大项在结论中周延，但在前提中，却不能满足大项周延的要求。O与I的组合情况，和I与O的组合情况的结果相似。至于O与O的组合，因为是双否定前提，中项起不到联结大、小项的作用，是不能必然地推出结论的。

（7）前提中有一特称命题，结论一定为特称，否则，犯结论不当全称的错误。前提有一个特称命题，另一个前提不能再是特称命题，必定是全称的。这样，大小前提的组合情况有8种，即A与I、A与O、E与I、E与O；I与A、O与A、I与E、O与E。我们看前面的四种组合，即大小前提是A与I、A与O、E与I、E与O的组合，后面四种的情况与前面的思维结果是相同的。在A与I组合中，因为只有A的主项概念是周延的，按照"中项至少周延一次"的规则，这个周延的项一定得分配给中项，小项在前提中不周延，在结论中也就不能扩大为周延的概念。小项是结论中的主项，小项不周延的直言命题必然是特称命题。在A与O组合中，前提中有两个周延的概念，即A的主项和O的谓项。其中必须分配一个给中项。由于前提中有 O 命题,即有概念全异关系的概括,结论必然有概念全异关系的概括,结论为否定命题,这样结论中的谓项,也就是推理中的大项是周延。大项在结论中周延,在前提中必须周延。所以,小项在前提和结论中都不周延,结论必然为特称命题。在 E 与 I 组合中,其周延概念情况和概念全异关系的情况和 A 与 O 组合情况相同。在 E 与 O 组合中,由于其中大小前提都是否定命题,不能推出必然性结论。

在遵循直言三段论一般规则的基础上,可以概括出直言三段论推理的有效式。直言三段论的式与格是紧密联系在一起的。依据中项在前提中的位置不同,直言三段论可分为四个格:

有了上述 7 条规则制约,可以得出直言三段论推理如下 24 种有效推理形式。

第一格:AAA AAI AII EAE EAO EIO

第二格:AEE AEO AOO EAE EAO EIO

第三格:AAI AII EAO EIO IAI OAO

第四格:AAI AEE AEO EAO EIO IAI

后来,由于德摩根等学者的探讨,传统词项逻辑也可处理关系推理中一些极简单的逻辑推理。

关系推理的基础是关系命题。关系命题是断定思维对象之间具有或不具有某种关系的命题。这里只讨论两个对象之间的二元关系,多元关系命题的有关逻辑问题可以依据两项关系命题进行类推。比如,"鲁迅的年纪比路遥大""南京位于上海和北京之间""我们班有的同学认识奥巴马"。传统关系推理是依据关系命题的对称性和传递性的逻辑性质进行的演绎推理。

从对称性角度看关系推理,有两种有效的推理形式:其一是对称关系推理,当 R 为对称关系时,由"aRb"可以必然地推出"bRa"。比如"张三与李四是老乡,所以李四与张三是老乡"。其二是反对称关系推理,当 R 为反对称关系时,由"aRb"可以必然地推出"并非 bRa"。比如"张三比李四岁数大,所以李四不比张三岁数大"。但是,对于偶对称关系,不能进行必然性推理,比如,从"张三打了李四",不能必然地推出"李四打了张三"或"李四没有打张三";从"张三控告了李四",不能必然地推出"李四没有控告张三"或"李四控告了张三"。

从传递性角度看关系推理,也有两种有效的推理形式:其一是传递关系推理,当 R 为传递关系时,由"aRb,bRc"可以必然地推出"aRc"。比如"张三比李四岁数大,李四比王五的岁数大,所以,张三比王五岁数大"。其二是反传递关系推理,当 R 为反传递关系时,"aRb,bRc"可以必然地推出"并非 aRc"。比如"小李是大李的儿子,大李是老李的儿子,所以,小李不是老李的儿子"。但是,对于偶传递关系,不能进行必然性推理,比如"张三爱着李四,李四爱着王五",不能必然地推出"张三爱着王五"或"张三不爱王五"。

传统命题逻辑研究的复合命题推理,主要有联言推理、选言推理、假言推理等。

联言推理是前提或结论为联言命题并且依据联言命题的逻辑性质进行的推理。联言命题是断定若干事物情况同时存在的复合命题。联言命题具有这样的逻辑性质,即只有当组成联言命题的支命题都真时,联言命题才真;当有一个乃至于所有的联言支假时,联言命题为假。联言推理的规则有二:其一,已知若干独立命题为真,可以推出以

第二章 演绎求"真":形式理性的法庭

它们为支命题的联言命题为真;其二,已知一个联言命题为真,就能推出它的任何一个支命题为真。

依据规则一,有联言推理的组合有效式。比如:"建设小康社会需要我的努力,建设小康社会需要你的努力,建设小康社会需要他的努力,所以,建设小康社会需要我、你、他的共同努力。"

联言推理组合式:$p, q, r \vdash p \wedge q \wedge r$(用"$\wedge$"表示"并且")

依据规则二,有联言推理的分解有效式。比如:"德之不修,学之不讲,闻义不能徙,不善不能改,是吾忧也!所以,德之不修,是吾忧也!"

联言推理分解式:$p \wedge q \wedge r \wedge s \vdash p$

选言推理是依据选言命题的逻辑性质进行的推理。选言命题是断定若干事物情况至少有一种或者只能有一种情况存在的复合命题。对于相容性选言命题,只要构成它的一个支命题真时,选言命题即为真;只有当所有支命题假时,选言命题才假。依据这种逻辑性质,相容性选言推理需要遵循两个规则:其一,已知一部分选言支假,可推知另一部分选言支中至少一支为真;其二,已知一部分选言支真,不能必然推出另一部分选言支的真假。比如:"今天这个会议,或者你去参加,或者我去参加,现在你不去参加,所以,我去参加。"其推理形式是:$(p \vee q) \wedge \neg p \vdash q$(用"$\vee$"表示"或者")。

但是,我们不能这样进行必然性推理,比如:"某同学学习成绩不好,或者是自己不努力,或者是方法不对头,或者是老师没教好;我们知道老师教得不好,所以,不是他自己不努力,也不是方法不对头。"其推理形式是:$(p \vee q \vee r) \wedge r \vdash \neg p \wedge \neg q$。

对于不相容性选言命题,当且仅当有一个选言支真时,选言命题才真,当所有的选言支均假,或有两个以上的选言支同真时,不相容选言命题为假。依据这种逻辑性质,不相容性选言推理也需要遵循两个规则。其一,已知一部分选言支假,可推知另一部分有且只有一个选言支为真。比如,"我们的干部路线要么任人唯贤,要么任人唯亲,任人唯亲与我们的根本宗旨相违背,所以,我们只能实行任人唯贤的干部路线。"其推理有效式是:要么 p,要么 q;非 p,所以,q。要么 p,要么 q;非 q,所以,p。其二,已知一个选言支为真(或一部分中有一支为真),可推知其余的选言支为假。比如:"某一犯罪行为要么是故意犯罪,要么是过失犯罪,法庭调查认定这是过失犯罪,所以,这一犯罪行为不是故意犯罪行为。"其推理有效形式是:要么 p,要么 q;p,所以,非 q。要么 p,要么 q;q,所以,非 p。

假言推理是依据假言命题的逻辑性质进行的演绎推理。假言命题是断定一事物情况是另一事物情况存在的条件的命题。这种逻辑意义上的"条件"分为三种,即充分条件、必要条件和充要条件。充分条件假言命题是断定一事物情况存在则另一事物情况也存在的命题。依据充分条件假言命题的逻辑性质,可以确立充分条件假言推理的规则:其一,已知前件为真,可以必然地推出后件为真;其二,已知前件为假,不能必然地推出后件的真假;其三,已知后件为真,不能必然地推出前件的真假;其四,已知后件为假,可以必然地推出前件为假。根据规则一和规则四,可以得到两个有效的推理形式。肯定前件式:$(p \rightarrow q) \wedge p \vdash q$。(用"→"表示"如果…那么")。比如:"如果天下雨,那么地面湿;现在天下雨,所以,地面湿。"但是,我们不能这样进行必然性推理,即"如果天下雨,那么地面湿;现在地面湿,所以,天下雨"。这是所谓"肯定后件谬误"。另一有效形式是否定后件式:$(p \rightarrow q) \wedge \neg q \vdash \neg p$。比如:"如果天下雨,那么地面湿,现在地面未湿,所以,天没有下雨。"但是,我们不能这样进行必然性推理,即"如果天下雨,那么地面湿;现在天没有下雨,所以,地面不会湿"。这就是"否定前件"谬误。

必要条件假言命题是断定一事物情况不存在另一事物情况就不

存在的命题。依据必要条件假言命题的逻辑性质,可以确立必要假言推理的规则。其一,已知前件为真,不能必然地推出后件为真。其二,已知前件为假,可以必然地推出后件为假。其三,已知后件为真,可以必然地推出前件为真。其四,已知后件为假,不能必然地推出前件的真假。根据规则二和规则三,可以得到两个有效的推理形式。否定前件式:(p←q)∧¬p ⊢¬q。(用"←"表示"只有…才")比如:"男性公民只有年满22周岁,才能合法地结婚。张明年龄不满22周岁,所以,张明不能合法地结婚。"但是,我们不能这样进行必然性推理:"男性公民只有年满22周岁,才能合法地结婚。张明年龄满22周岁,所以,张明能够合法地结婚。"这是"肯定前件"谬误。另一有效式是否定后件式:(p←q)∧q ⊢p。比如:"男性公民只有年满22周岁,才能合法地结婚;张明已经合法地结婚,所以,张明年龄满22周岁。"但是,我们不能这样进行必然性推理:"男性公民只有年满22周岁,才能合法地结婚;张明没有结婚,所以,张明年龄不满22周岁。"这是"否定后件谬误"。

充要条件假言命题是断定一事物情况存在另一事物情况就存在、一事物情况不存在另一事物情况就不存在的命题。依据充要条件假言命题的逻辑性质,可以确立充要假言推理的规则:其一,已知前件为真,可以必然地推出后件为真;其二,已知前件为假,可以必然地推出后件为假;其三,已知后件为真,可以必然地推出前件为真;其四,已知后件为假,可以必然地推出前件的真假。根据这些规则,可以得到四个有效的推理形式。肯定前件式:(p↔q)∧p ⊢q。(用"↔"表示"当且仅当")比如:"a能被2整除,当且仅当,a是偶数。a能被2整除,所以,a是偶数。"否定前件式:(p↔q)∧¬p ⊢¬q。比如:"a能被2整除,当且仅当,a是偶数。a不能被2整除,所以,a不是偶数。"肯定后件式:(p↔q)∧q ⊢p。比如:"a能被2整除,当且仅当,a是偶数。a是偶数,所以,a能被2整除。"否定后件式:(p↔q)∧¬q ⊢¬p。比如:"a

走近"逻先生"——逻辑、社会与人生

能被2整除,当且仅当,a是偶数。a不是偶数,所以,a不能被2整除。"

显然,我们可以把上述有效式复合起来进行多重复合推理。传统命题逻辑研究了一种非常有用的"多重复合推理",即二难推理。二难推理又称为假言选言推理,其大前提是两个充分条件假言命题,小前提是两个选言支的选言命题,可推出一个使论辩对方"左右为难"的结论。比如:古代无神论者曾向鼓吹"上帝是无所不能的"僧侣提出一个问题:请问上帝能不能创造一块他自己举不起来的石头?面对这个问题,被问者陷入了两难的境地。因为如果上帝能够创造这块石头,那么他有一块石头他自己举不起来;如果上帝不能创造这块石头,那么他有一块石头他创造不出来。上帝或者能够创造这块石头,或者不能创造出来这块石头,所以,上帝或者有一块石头他举不起来,或者有一块石头他不能创造出来(在这两种情况下,上帝都不是无所不能的)。这就是一个二难推理,其结构可塑述如下:

上帝若能创造一块他自己举不起来的石头,他不是万能的。

上帝若不能创造一块他自己举不起来的石头,他不是万能的。

或者上帝能创造一块他自己举不起来的石头,或者上帝不能创造出一块他自己举不起来的石头。

上帝不是万能的。

再如,元人姚燧写的《寄征衣》,也描写了一种日常社会生活中的二难困境。

欲寄征衣君不还,
不寄征衣君又寒。

第二章 演绎求"真":形式理性的法庭

寄与不寄间,

妾身千万难。

这首小诗,可以被重塑为如下规范的二难推理形式,即:

p→q　如果将衣服寄给夫君,那么夫君有衣穿而不回家团圆,

p̄→s　如果不将衣服寄给夫君,那么夫君无衣御寒,

p∨p̄　或者寄衣服给夫君,或者不寄衣服给夫君,

---

q∨s　或者夫君不回家团圆,或者夫君无衣御寒

在现实生活中,如果能够自觉地运用二难推理,可以实现特殊的论辩功能。曾有过一则电视报道,某市工商和环保人员联合查处一家经营"天鹅肉"的野味餐馆。老板开始说他卖的天鹅肉"货真价实",后又改口说是"野鸭子肉"。执法人员对他说:如果你卖的天鹅肉是真的,那么你违反了珍稀动物保护法;如果你卖的天鹅肉是假的,那么你违反了消费者权益保护法;你卖的天鹅肉或者是真的,或者是假的;你或者违反珍稀动物保护法,或者违反了消费者权益保护法。那位老板哑口无言,只好接受处罚。

二难推理既然是由假言推理和选言推理组合而成的,就应该遵守假言推理和选言推理的相关规则。

这里,我们只是列举了传统演绎推理的主要推理规则和有效式,在这些基本的推理规则和有效式的基础上,还可以进一步扩展更多的有效式。比如,选言假言推理(抉择推理)的有效式、反三段论推理的有效式等。在日常思维中,这些有效式都是经常用到的。

需要强调指出的是,传统演绎逻辑对这些有效式的把握,都是基于亚里士多德在其《形而上学》一书中所阐发的逻辑思维基本法则——矛盾律、排中律以及同一律之上的,由于本丛书中对此已有大

量论述,我们这里就不再多费笔墨了。

基于本书导言所说明的逻辑理论与方法的变革,现代演绎逻辑所揭示的有效式远远多于传统演绎推理的有效式。但是,人们往往存在误解,认为现代逻辑是纯形式化的,对思维过程的揭示近乎是一种纯符号的推演,技术含量高,使用难度大,所以,有人认为现代逻辑在自然科学特别是在计算机科学领域功能巨大,但它远离了人们的思维实际,远离社会生活,在社会生活领域,它是无用的。的确,现代逻辑主要使用人工语言,传统逻辑则使用自然语言。所谓自然语言,是指人们在日常交往中、在一定的语言范围内所使用的某种民族语,它具有多义性、模糊性和民族性,适合于定性分析与模糊思维;而人工语言则是指人们根据特殊需要而自觉创造的符号系统,具有单义性、精确性、世界性等特征,适合于定量分析与精确思维。深刻、严谨、精确是现代逻辑的特征。深刻、严谨、精确在社会生活领域不是没有用处,而是人们忽视了它的用处,或者说还没有发掘出它的用处。其实,现代逻辑也是为适应人类社会实践和科学技术发展需要而产生的,是遵循人类认识发展规律而发展起来的,是人们思维活动的重要工具。它来源于人类的实践活动,也能够指导、服务于人类的实践活动。在具备了传统演绎思维的基本素养之后,思维要进一步深化,就必然要走向更为深刻、严谨、精确的道路,现代演绎逻辑的功能也就会愈来愈多地得以呈现。

3. 预见的方式

常言道:凡事预则立,不预则废。预,就是根据已经发现的事实情况,预测事物的未来发展走向及其可能的后果。善于预测并能够准确预测,是成功、高效地处世立事、科学决策、解决问题的重要基础和必

第二章 演绎求"真":形式理性的法庭

要条件。从思维方式上说,"预见"其实就是要有演绎推理的意识,并善于进行逻辑演绎。

有这样一个故事,说的是化学家尼德林教授知道自己的研究生肯普与自己的女儿相爱。为了判定自己的研究生的逻辑思维能力,尼德林教授写了一串阿拉伯数字,要他的学生马上回答出来是什么意思。如果回答正确,就将女儿许配给他;如果答不出来,婚事告吹。尼德林教授写的数字是:

69663717263376833047

面对这 20 个数字,肯普作了以下一系列的推论。

1. 教授您是一位诚实的人,绝不会给我出无法解决的难题。因此,这一串数字密码您一定认为我能够揭示其中的奥秘。

2. 您要我立即回答,不给很多时间准备,表明这些数字密码一定与我十分熟悉的东西有关。

3. 数字密码无非有两种可能:或者是简单的数字排列,或者是与我的专业有关的数字。如果是简单的数字排列,只能得出上面有 5 个"6",5 个"3",没有"5",这没有什么意义,得不到什么启示。因此,这些数字肯定是与我的专业有关。

4. 我的专业是化学,研究化学的人看到数字马上就会将它与原子序数联系起来;每种化学元素都有自己的原子序数,现已发现 104 种元素。因此,数字密码可能与从 1 到 104 的原子序数有关。

肯普说到这里,尼德林教授很满意,点头示意他继续推论下去。

5. 可以排除三位数的原子序数,因为这些原子序数是在 1 后紧跟 0,而在密码中只有一个"1",而它的后面又是"7"。

6. 因此,20 个数字可能是 10 个二位数;也可能是 9 个二位数,2 个一位数;或者 8 个二位数,4 个一位数……这样将有几百种排列组合,要我立即回答出来是做不到的。所以,这 20 个数字密码应该是 10

个二位数。

7. 10个二位数本身也无意义,应该写成它们所代表的元素名称,或许有意义。它们所代表的元素名称是:铥、镝、铷、氯、铁、砷、锇、铋、锌、银。

8. 元素除了原子序数外,是否还有使化学家能够马上想到的东西呢?显然是元素的化学符号。上述10种元素的化学符号分别是:Tm,Dy,Rb,Cl,Fe,As,Os,Bi,Zn,Ag。

9. 取符号的第一个字母组不成字,没有意义;取符号的第二个字母正好组成一个语句,即 My blessing,意思是"我的祝福"。

至此,肯普终于用逻辑推论的方法,把他老师设定的密码揭示出来了。尼德林教授十分赞赏肯普的逻辑思维能力,把女儿嫁给了肯普。

预测,本质上就是一种关于事物信息的推理,其方法不外乎有两种,一种是以过去的资料为基础进行推理——"因为是这样,所以就这样""因为从来如此,所以如此",这是一种归纳推理的方式;另一种是从微少的资料做出演绎推理的假设——"如果是这样的,那么结果应该是那样的。"这种假定推理的方法,人们称之为"假设—演绎法"。灵活地应用假设—演绎法虽然并不是多么艰难的事情,其实,只要有这种演绎思维的意识,并能够理解和用好"如果—那么—"这种充分条件假言命题及关于它的推理就行了。但是,是否有这种演绎意识,能否构建"如果—那么—"的演绎推理链,其结果却是大相径庭的。

说一个对我们颇有启迪意义的典型案例——美国政策制订者在爱尔基琼火山爆发事件中进行的演绎预测推理。1982年2月,墨西哥爱尔基琼火山爆发了。这次火山爆发,史无前例的大量火山灰喷上了天空。根据既往的气象记录,美国决策者推测:如果大量的火山灰喷上了天空,必然会导致全球气候发生重大变化;如果全球气候发生重大变化，必然给惯常性的农业生产带来毁灭性破坏；如果农业生产遭到毁灭性破坏，全球粮食生产和粮食供应必然发生严重短缺；如果全球粮食生产和粮食供应发生严重短缺，必然导致粮食生产和供应能力不足的国家发生粮荒。"人是铁饭是钢"，人不能不吃饭，粮食短缺的国家必然屈求于有充裕存粮的国家，如果粮食短缺的国家屈求于有充裕存粮的国家，那么有充裕存粮的国家必将掌控这些国家在国际关系上的主动权。而当时的美国正是全球粮食存量最多的国家，苏联却是全球粮食生产和供给严重不足的国家。依据前述构建的演绎"条件链"，美国政府当即制订并实施了限制粮食生产和粮食出口的政策。后来的气象事实表明，爱尔基琼火山的爆发的确导致了全球灾难性天气。而美国决策者依据其演绎推理链条制订和实施的限粮政策，却得到了"一箭三雕"的好处。

其一，繁荣了国内经济，化解了国内矛盾。在爱尔基琼火山爆发之前，美国曾将粮食作为战略物资，禁止对苏联出口，但失败了。因为美国以外的一些国家具有粮食出口的余力，在阿根廷拉布拉塔河口，人们可以看到苏联的庞大船队。由于美国禁止了粮食对苏联的出口，结果却导致美国剩余了大量的谷物，国内谷物价格直线下跌，引起了农民以及一部分人的不满。爱尔基琼火山爆发后，美国决定减少耕种面积，并对减少耕种面积的农民给予全额补贴。由于全世界收成剧减，谷物的价格自然上涨，芝加哥的谷物市价涨到以往的 1.6 倍左右，美国因为限制谷物出口而造成的损失转眼间赚了回来，农民的不满情绪消失了。与农业有关的企业随之得利。由于芝加哥谷物市场的小麦市价提高到了原来的 1.6 倍，政府对缩减了三分之一耕地面积的农民以实物兑现付给，农民的收入等于增加了 1.6 倍，这是不需任何本钱就可以繁荣经济的绝妙对策。同时，和农业有关的一些企业，如农具、肥料等企业也随之得到了良好的转机。

其二，趁机胁迫对手，保持国际优势地位。世界各地粮食歉收，苏联从美国以外的国家购买粮食的计划已经无法实现。作为外交策略，苏联舆论一度宣传说，他们当年的农业生产获得了丰收。可惜，这样的策略没有发挥作用。若在往年，从西欧缓缓刮来的风里带来大量的湿气，可望给苏联送来雨水。由于爱尔基琼火山的爆发，西欧已经降了比往年多得多的雨水，苏联只会因为严重的干旱而感到焦灼不安，不可能获得农业丰收。如今，美国是唯一拥有剩余粮食的国家，而且还将这仅有的剩余粮食缩紧再缩紧，然后提高价格。苏联进口粮食的唯一对象就只有美国了，因其致命性的弱点被对方拿捏在手中，对美国在加勒比海及其他一些地区制造的那些小小的摩擦，苏联也不得不作出"大度容忍"的姿态；在限制中程核武器谈判中，苏联不得不有所让步，甚至在阿富汗问题上也不得不甘认吃亏。由于谷物价格昂贵，进口相同数量的粮食，却要花上原来 1.6 倍的外汇。为此，苏联只得压缩军费开支了。

其三，实现其控制世界人口的战略。正当全世界农业生产陷入一蹶不振之际，美国采取了缩减三分之一耕种面积的政策；而在另一方面，世界人口仍在继续膨胀。由于美国卡死了粮食供给的渠道，自然地起到了控制世界人口爆炸式增长的效果。曾几何时，美国也曾将自己的剩余谷物，以粮食援助的形式，用来拯救那些发展中国家的饥馑。可是现在却有些不同，"剩余"没有了，甚至连资助其购买粮食的经费也没有了。舆论只能认为美国此举目的在于"控制人口"了。原来以石油为中心的世界，如今却转变成以谷物为中心了。①

在实际生活中，"如果……那么……"这种语句形式也许不受欢迎，但它却是形成科学思维的必要方法，也是科学预见的重要思维工

---

① 参见山上定也：《惊人的信息推理术》，温元凯、李涛译，上海：上海文化出版社 1987 年版，第 1—14 页。

第二章 演绎求"真":形式理性的法庭

具。美国国家政策的决策层正是在爱尔基琼火山爆发这一"突发"事件上善于运用逻辑演绎的方法,才收获了意想不到的硕果。

4. 质疑的工具

有效演绎之"必然地得出"的属性,决定了它有从前提到结论的"保真性"功能,反之,它还具有从结论到前提的"保假性"功能,也称演绎的"逆保假性"功能。凭借这种"拟保假性"功能,人们能够对教条、"伪真理""伪科学"等进行有力反思,而反思和质疑教条、"伪真理"和"伪科学",对于解放人们的思想观念、开动"批判性思维",具有杠杆式作用。

作为汉语中"矛盾"这一术语之辞源的韩非子"矛盾之说",是揭示有效演绎作为合理质疑工具的一个极好案例。在《韩非子·难一》篇中我们看到:

> 楚人有鬻盾与矛者,誉之曰:"吾盾之坚,物莫能陷也。"又誉其矛曰:"吾矛之利,于物无不陷也。"或曰:"以子之矛陷子之盾,何如?"其人弗能应也。夫不可陷之盾与无不陷之矛,不可同世而立。

这段表明思维不可"自相矛盾"的故事大家耳熟能详,也成为我国先秦典籍对于逻辑思维规律有自觉把握的一个有力根据。但学术界对于韩非子在这里是否提出了亚里士多德意义上的"矛盾律"有着长期的争议。因为"(有)不可陷之盾"与"(有)无不陷之矛"这两个命题的逻辑关系,只是"不可同真但可同假"的反对关系,而不是"既不可同真也不可同假"的矛盾关系,而矛盾律的基本含义是界说矛盾关系的,即相互矛盾的命题不可同真。但在学术界的讨论中往往忽视了故事中"或曰"的作用:通过提问者"以子之矛陷子之盾,何如"的提问,得到了"其人弗能应"的效果。

请考虑,这位刚才还在大言不惭的鬻矛盾者为什么"弗能应"了呢?这是因为,提问者的话促使鬻者对他自己刚才的表达做了简单的"反思",立即可以推出"我手中之矛可陷我手中之盾"和"我手中之矛不可陷我手中之盾"这两个具有明显的矛盾关系的命题,而任何讲道理的普通理性人面对这样明显的矛盾命题(逻辑术语上称为"原子矛盾命题"①)都是不可能同时肯定的,因而他才无法回应、沉默无语了。这种明显的矛盾命题的推出(统称"归谬"),其背后起作用的演绎推理机制,可以归结为如下两个三段论:

一切矛都不是可以刺穿鬻者手中之盾的,

鬻者手中之矛也是矛,

所以,鬻者手中之矛不是可以刺穿鬻者手中之盾的。

一切盾都是可以被鬻者手中之矛刺穿的,

鬻者手中之盾也是盾,

所以,鬻者手中之盾是可以被鬻者手中之矛刺穿的。

这两个三段论的结论是明显矛盾的("a可以被b刺穿"当然等价于说"b可以刺穿a"),因而其中至少有一个结论是假的。两个三段论都是有效演绎,而两个小前提又都是明显为真的,因为两个结论至少一假,这就意味着对两个大前提的强烈质疑,即可断定它们至少一假,也就是韩非所谓"不可同世而立"。

韩非讲这个"自相矛盾"的故事,旨在揭示在当时的许多论说中实际上犯有鬻矛盾者同样的自相矛盾的错误。比如他在另一处讲述该

---

① 关于"原子矛盾命题",可参见"马工程"教材《逻辑学》(北京:高等教育出版社2018年第2版)第十一章"逻辑思维的基本规律"。

第二章 演绎求"真":形式理性的法庭

故事后指出:"夫贤之为道不可禁,而势之为道也无不禁,以不可禁之贤与无不禁之势,此矛盾之说也。夫贤势之不相容亦明矣。"(《韩非子·难势》)我们现在把对合理思维的"无矛盾要求"也称为"相容性要求",其辞源也来自韩非的"矛盾之说"。①

下述例子也是逻辑演绎在"批判性思维"中之杠杆作用的一个经典案例。

亚里士多德曾经断言,轻重不同的物体从空中落地,快慢与其质量成正比。重者下落快,轻者下落慢。这个论断曾经影响了欧洲科学界上千年,中世纪后期欧洲学界推崇亚里士多德,长期把这个论断作为真理使用。在科学史的教育中,人们曾经交口流传着一个故事:1590年,出生在比萨城的意大利物理学家伽利略,曾在比萨斜塔上做自由落体实验②,将两个重量不同的球体从相同的高度同时扔下,结果两个铅球同时落地,并由此发现了自由落体定律,推翻了此前亚里士多德认为的重的物体会先到达地面,落体的速度同它的质量成正比的观点。伽利略是否在比萨斜塔上做了这个实验,科学史研究者没有给出肯定结论。但伽利略的确有这样的推论:根据速度合成原理,如果

---

① 应当特别指出的是,全面研讨韩非子的"矛盾之说",对于理解辩证法与辩证逻辑中的"辩证矛盾"与形式逻辑的"矛盾"概念的根本差异,也可提供重要的帮助。矛盾之说中的鬻者言论提供了形式逻辑所拒斥的"自相矛盾"的典型案例,同时,如果我们讨论该案例中矛和盾另一个方面的相互关联,也就是考虑进攻性武器与防御性武器的对立统一关系,亦可提供"辩证矛盾"的典型案例。显然,要正确把握这样的辩证矛盾,同样也要以形式逻辑的"相容性要求"为必要条件。我们认为,正确区分这两种不同的"矛盾",把握它们的相互关联,以及它们与逻辑悖论的关联,仍然是当代逻辑与哲学研究亟待深入研究的课题。对此感兴趣的读者可参阅《逻辑的社会功能》(北京:北京大学出版社2010年版)第四章,以及张建军著《逻辑悖论研究引论(修订本)》(北京:人民出版社2014年版)、王习胜著《泛悖论与科学理论创新机制研究》(北京:北京师范大学出版社2013年版)。

② 伽利略在比萨斜塔做自由落体实验的故事,记载在他的学生维维安尼(V. Viviani,1622—1703)在1654年写的《伽利略生平的历史故事》(1717年出版)一书中,但伽利略、比萨大学和同时代的其他人都没有关于这次实验的记载。对于伽利略是否在比萨斜塔做过自由落体实验,历史上一直存在着支持和反对两种不同的看法。另据记载,1612年有人在比萨斜塔上做过这样的实验,但他是为了反驳伽利略而做这个实验的,结果是两球并没有同时到达地面。其实,那时进行自由落体实验的条件是不具备的。

把轻重不同的两个物体捆绑在一起,两个物体之和,应该比原来的物体更重。它的下落速度,应该比原来那个重的物体下落的速度更快。但是,又由于轻的物体下落速度慢,这两个物体之中有一个是轻的物体,受它的下落速度的影响,这两个捆绑在一起的物体的下落速度,应该比那个重的物体的下落速度更慢。既是更快,又是更慢,是不可能的。这个逻辑矛盾表明,长期以来,尽管人们长期将亚里士多德的"物体落地的快慢与其质量成正比"视为"真理",但实际上这个"真理"是不成立的。如果承认速度合成原理,这就是一个"必然地得出"的结论。

可见,通过运用演绎的"拟保假性"功能进行反思,可以揭示一些人们长期"公认正确"的信念谬误之处,是世人解放思想、更新观念的有力工具。我们可以设想,作为逻辑学之父的亚里士多德本人,如果看到伽利略的这个运用演绎推理推翻自己原来思想的结论,是会欣然接受的。

明确有效演绎的"拟保假性",对于认识与把握批判性思维素养的逻辑根基,是至关重要的。经过多年探索与讨论,关于在基础教育和高等教育中均须强化批判性思维素养培育,在我国学界基本达成了社会共识。近年关于"核心素养"的讨论,也使这一共识得以彰显。然而,由于对有效演绎的"拟保假性"认识的缺失,有些人提出了离开逻辑教育中心进行批判性思维教育的主张。在这些人看来,演绎逻辑所研究的演绎推理,是与批判性思维的本性相冲突的,因为有效的演绎推理都是从前提到结论的保真推演,因而演绎逻辑只训练人们如何从已知前提必然地推出结论,从而使逻辑训练成为人们循规蹈矩、维护既有信条的工具,其与本本主义、教条主义等非批判性思维相容,与解放思想、探求新知的批判性思维背道而驰。这种认识严重地扭曲了演绎推理的本性。基于有效演绎的推理,若其推出的结论明显为假,则其前提至少一假,从而构成对前提的强力质疑。如果说批判性思维要

第二章 演绎求"真":形式理性的法庭

致力于对既有思维结果的检讨与评判,那么有效演绎推理就构成其最重要的"杠杆"。演绎逻辑非但不是封闭心灵、维护教条的工具,恰恰相反,它是促进心灵开放、质疑教条的最有力的工具,是批判性思维教育中基本的"硬件"。离开演绎逻辑之根基而从事批判性思维教育,无异于舍本逐末、缘木求鱼。

澄清上述误解,演绎逻辑在批判性思维教育中的基础地位就昭然若揭,同时也显示出在演绎逻辑教育中强化批判性思维视角的必要性、重要性与可行性。对我国公众所关注的著名的"南京彭宇案"的分析,可作为这两个方面的典型例示。

曾产生了重大"蝴蝶效应"的南京彭宇案近来之所以重新受到关注,是因为当事人彭宇在时隔十年后公开承认其实际上撞了原告。因而有人又为当时主审法官所招致的社会诟病喊冤,认为其判决实际上"主持了正义",甚至由此批评媒体与公众对司法审判所造成的不应有"压力"。然而,造成此案"蝴蝶效应"的并非判决结果,而是一审法官在感觉证据不够充足的情况下,运用所谓"经验法则"所做的如下推理分析:"如果是做好事,在原告的家人到达后,其完全可以在言明事实经过并让原告的家人将原告送往医院后自行离开,但彭宇未做此等选择,显然与情理相悖。"对事发当日彭宇主动为原告付出医药费,一直未要求返还的事实,法官认为,这个钱给付不合情理,应属撞人的"赔偿款"。这种"推理分析"的前提,被社会舆论并非不合理地简化为"如果未撞人就不会主动帮忙"。

"如果未撞人就不会主动帮忙"这个陈述,是全称陈述"凡是未撞人的都是不会主动帮忙的"之另一种表达方式,根据我们前面阐述的演绎逻辑基础知识,其等价于"凡是未撞人的都不是会主动帮忙的"(换质法),也等价于"凡是会主动帮忙的都是撞了人的"(换质位法)。它们可以必然地推出"并非有的未撞人是会主动帮忙的""并非有的会主动帮忙的不是撞了人"这样的结论。然而,面对许多危难之际伸出援手的大量事实,都会得出这样的结论的明显荒谬,据有效演绎的"逆保假性",无疑可以断定这是一个虚假的"理由"。因而,法官所提供的这种匪夷所思的"经验法则",是缺乏自觉的批判性理性反思的一个典型案例。令人遗憾的是,法院二审在没有公开否定这一虚假前提的情况下,在和解协议中增设了"双方均不得在媒体上就本案披露相关信息和发表相关言论"的保密条款,使彭宇案的真相未能及时让公众知晓,从而使其起了道德滑坡催化剂的作用。从演绎逻辑的观点看,即使原审推出的结论最终被证明为正确,由于它是从一个明显虚假的前提得来,据此决不能说明当时所作判决的合理性。如果法官拥有健全的批判性思维素养,这样匪夷所思的"经验法则"就不会出台;而如果社会舆论拥有健全的批判性思维氛围,就应该集中于对这样的"法则"的批判,而不应在不了解具体案情的情况下为彭宇喊冤。至于十年之后又为法官"喊冤",实际上仍然偏离了问题的真正"症结"。

以上案例典型地例示了"批判性思维"之要义。关于"批判性思维"的定义可谓众说纷纭,但以20世纪后半叶美国"批判性思维运动"的发起人之一恩尼斯(R. Ennis)的如下定义较为简明而贴切,即"旨在决定(主体)所信或所做的合理的反思性思维"。其中"反思"体现了"批判性思维"作为"高阶认知"的性质,其表现无非是对既有信念的怀疑或置信;而"合理"则是区分批判性反思与非批判性反思的根本标志。由于定义中的"所做"亦以"所信"为前提条件,故批判性思维的根本特征可以概括为"合理怀疑、合理置信"。而无论如何界说"合理","尊重事实、尊重逻辑"都应作为其核心意涵。批判性思维要求把所有的观点(当然包括主体自身的观点)公平地摆在事实与逻辑的理性法庭面前进行评估,这不仅为旨在求真与创新的科学思维之所必需,也

第二章 演绎求"真":形式理性的法庭

构成现代合格公民的基本素养。①

演绎逻辑具有普适性,就是说,我们可以用逻辑工具分析发生于任何时空中的实际推理,古今中外,概莫能外。所以,即便在取法逻辑传统的中国古代社会,我们也会发现,人们也在不自觉地运用逻辑推理维护其合法的权益,质疑统治者的不合理规则。据史料记载,齐国大夫邾石父谋反,宣王杀了他,还要灭绝其九族。邾氏是一个大家族,支系、后代人口繁多。他们哭着找到艾子门上,求他去向宣王说情,请求宽恕。艾子揣着一条绳子来见宣王。艾子说:"谋反的只是邾石父一人,他的家族并没有罪,为什么要灭掉他们?"宣王说:"先王的法律不敢废弃呀!政典上说:'与谋反者同族的人一定要杀而不饶恕。'"艾子说:"以往公子巫投降了秦国,而他不是您的弟弟吗?既然如此,您也是叛臣的同族,按理说也应该连累上。希望您今天就自决,不要因为吝啬您一人生命而损害先王之法。"说完,献上了绳子。宣王一看,忙笑着说道:"先生算了吧,我们赦免他们了。"宣王声称依据先王之法而处罚邾氏家族,艾子将其弟弟降秦的事实揭露出来,就使得宣王的"言"与"行"构成了矛盾,以其言,攻其行,迫使宣王做了让步。而宣王之所以"让步",是因为有合乎规则的逻辑演绎的质疑,即"如果与谋反者同族的人一定要杀而不饶恕,那么宣王就要被处死",宣王不愿意被处死,所以,"与谋反者同族的人一定要杀而不饶恕"的不合理规定就需要修正。

据《吕氏春秋·当务》载:"楚有直躬者,其父窃羊而谒之上,上执而将诛之。直躬者请代之。将诛矣,告吏曰:'父窃羊而谒(揭)之,不亦信乎?父诛而代之,不亦孝乎?信且孝而诛之,国将有不诛者乎?'荆王闻之,乃不诛也。孔子闻之曰:'异哉!直躬之为信也,一父而载

---

① 参见张建军:《批判性思维教育的逻辑根基》,载《中国教师报》2017年11月29日。

取名焉。'故直躬之信,不若无信。"这段话的大意是:楚国有一个叫直躬的人,向政府揭发他的父亲偷了羊。政府派人将他的父亲抓起来准备处死。直躬请求代替父亲接受惩罚。政府将要杀他的时候,他告诉官吏说:"向政府揭发父亲偷羊不是讲诚信吗?代替父亲接受死刑不是孝顺吗?既讲诚信又孝顺的人,要处以死刑,这个国家还有不该杀的人吗?"楚国国王听了这话,就免了直躬的死刑。孔子听说了这件事,说:"真奇异呀!直躬讲诚信,因为父亲偷羊这一件事情,两次取得名誉。"因此,直躬这种诚信,不如没有诚信。孔子对此事的看法是:"吾党之直者异于是:父为子隐,子为父隐,直在其中矣。"[①]那么,"父为子隐,子为父隐"就是合乎道德的吗?人们反思这里的问题,发现了这样的逻辑矛盾:"直在其中"是在何处?"直"是在伦理,如果亲亲之间不是"互隐"而是互揭,可想而知,家庭作为伦理实体将不复存在,至少丧失它的伦理实体的直接性和自然性。伦理上的"直",无疑是道德上的"曲"或"谬","亲亲互隐"的结果必然使家庭沦落为不道德的个体[②],家庭是组成社会的细胞,家庭不道德,又如何期望整个社会讲道德?那么,如何解决这里的矛盾呢?可能要求人们从传统的德性伦理转向规范伦理,而这种伦理信念的转变,对于社会而言无疑是一次道德观念的重大变革。

这种由逻辑演绎推导而得出矛盾,进而促使世人道德观念的转变,并不仅仅是一个理论上的问题,而是一个社会实践和社会关系的问题。想一想"文化大革命"的时候,"斗私批修"的口号喊得震天响的时候,也正是一些野心家、阴谋家的私欲膨胀到了极点,图谋篡权杀人的时候。那时候,大多数善良天真的老百姓真的相信"斗私批修"可以

[①] 《论语·子路》。
[②] 樊浩:《伦理实体的诸形态及其内在的伦理—道德悖论》,载《中国人民大学学报》2006年第6期。

第二章 演绎求"真":形式理性的法庭

成为普遍的社会准则,因而真心诚意地身体力行。与此同时,又有一批投机分子,他们窥察出"君子可欺以其方",别人"斗私批修",正是他们打捞便宜的好机会。他们以打倒剥削为借口去抄别人的家,却把抄来的金银财宝装进自己的口袋;他们号召别人"狠批私字一闪念",要别人为了革命的利益承认自己是叛徒、特务、"反革命",以便在自己的功劳簿上加上一笔;他们甚至不惜置人于死地,只要自己能谋得一官半职。

人心不古,包藏祸心,现实社会中,盛世道德景象难以实现,那么,在文学作品中,人人都讲道德,能否实现一个无矛盾的道德昌盛的大同世界呢?恐怕也未必。我们不妨看看"君子国"中的道德问题。

18、19世纪之交,我国文学家李汝珍写了一本小说《镜花缘》。书中讲了一个叫唐敖的人,宦途受挫,跟随妻弟林之洋到海外去游历,经过的第一个国家就是"君子国"。君子国里的人,个个都"好让不争",以自己吃亏让他人得利为乐事。小说的第十一回"观雅化闲游君子邦,慕仁风误入良臣府",其中描写君子国里一名隶卒买物的情况:隶卒……手中拿着货物道:"老兄如此高货,却讨恁般低价,教小弟买去,如何能安!务求将价加增,方好遵教。若再过谦,那是有意不肯赏光交易了。"

卖货人答道:"既承照顾,敢不仰体!但适才妄讨大价,已觉厚颜,不意老兄反说货高价贱,岂不更教小弟惭愧?况敝货并非'言无二价',其中颇有虚头。俗云'漫天要价,就地还钱'。今老兄不但不减,反要增加,如此克己,只好请到别家交易,小弟实难遵命。"

只听隶卒又说道:"老兄以高货讨贱价,反说小弟克己,岂不失了'忠恕之道'?凡事总要彼此无欺,方为公允。试问哪个腹中无算盘,小弟又安能受人之愚哩。"谈了许久,卖货人执意不增。隶卒赌气,照数讨价,拿了一半货物。刚要举步,卖货人哪里肯依,只说"价多货少"

拦住不放。路旁走过两个老翁,作好作歹,从公评定,令隶卒照价拿了八折货物,这才交易而去。①

接着小说又描写了另一笔交易。这笔交易中买方认为货色鲜美索价太低,而卖方则坚持自己的货色既欠新鲜,又属平常。最后成交时买者尽挑了次等货物,引起公众议论,说买者欺人不公,买方只好将上等货和下等货各携一半而去。第三笔交易的双方是在银子的成色和分量上发生了争执。付银的一方硬说自己的银子成色欠佳,分量不足,而收银的一方则嫌成色超标,戥头又过高。无奈付银人已走远,收银人只好将他觉得多收的银子秤出,送给了过路的乞丐。

有学者曾就此指出,双方让利和双方争利都会引起争论。现实生活中所遇到的争论,大多是由各自偏袒自己的利益引起的。因此,我们常常错误地认为,如果关心别人的利益胜过关心自己利益,争论就不会发生。而君子国里发生的事情,说明了以别人的利益作为自己行动的原则,同样会引起争论,结果我们仍然得不到一个和谐的、协调的社会。进一步观察还可以发现,在现实世界的商业往来中,虽然双方都以谋利为目的,通过讨价还价却可以达成协议,而无私的君子国里的讨价还价则不可能。小说里不得不借助两个路过的老翁或一个乞丐,用强制性的办法来解决矛盾——幸亏乞丐是从外国来的,如果他也是君子国人的话则纠纷永无了结之时。这里包含着一个极为深奥而且非常重要的道理:以自利为目的的谈判具有双方同意的均衡点,而以利他为目的的谈判则不存在能使双方都同意的均衡点。由于君子国内不能实现人与人关系的均衡,从动态变化来看,它最终必定转变成"小人国"。因为君子国是最适宜于专门利己毫不顾人的"小人"

---

① 李汝珍:《镜花缘》,杭州:浙江古籍出版社1997年版,第38页。

第二章 演绎求"真":形式理性的法庭

们生长繁殖的环境。当"君子"们吵得不可开交时,"小人"跑来用使君子吃亏自己得利的办法解决了矛盾。长此以往,君子国将消亡,被"小人"国代替。①这番见解,虽然颇觉新奇,却又不是没有道理。这里的"道理"恰恰就是合乎逻辑地演绎出来的。

对于那些似是而非的言论,需要有一个辨识它们的工具和标准。演绎规则恰恰可以提供这种辨识是非、以正视听的工具和标准。有一篇题为《慎信名言》的文章,如果没有演绎逻辑的规则和标准,在直觉上,可能真的难以澄清其中的是非曲直。作者以一种警世口吻批判一位名人的言论,颇有"诱导力"。文章的主要内容如下:

> 美国有一位萨克斯管的演奏家Keeny.G,他演奏的几支曲子,在中国,也到了耳熟能详的地步。他对这种乐器的爱好者讲他的成功之道时,说了一句据说是极深刻的话,那就是:"必须不停地练习,成功的大门才会为你打开。"因为出自这位名人之口,而且是这一行顶尖人物的话,便有记者和围着名人的捧场者加以传播,于是成了警世名言,很有"一句顶一万句"的味道了。
>
> 其实,大家都明白,全世界吹这种萨克斯管者,岂止Keeny.G一个人?为什么他能登上王者的高峰,而无数演奏这种乐器的其他人,却只有高山仰止的份呢?难道仅仅因为没有"不停地练习"吗?所以,这位名人的话,就不能太信以为真的了。显然,"不停地练习",不过是成功的诸多因素中的一个,或者是主要的因素,但绝不是唯一的因素。如果给你一支萨克斯管,即使一天到晚,不眠不食不撒手地吹,吹出小肠疝气来,也不会成为Keeny.G的……名人的诲人不倦精神是值得敬佩的。但正如鲁迅先生所说:"社会上崇敬名人,名人被崇敬所诱惑,渐以为一切无不胜人,

---

① 参见茅于轼:《中国人的道德前景》,广州:暨南大学出版社1997年版,第1—5页。

无所不谈,于是乎就悖起来了。"所以,我们作为听教诲的碌碌众生,对于像吹萨克斯管的Keeny.G这样的名人,对于其他一切老是教导我们的名人,第一,尊重之;第二,慎思之;第三,择善而从之。①

这位作者在这里质疑和批评Keeny.G这位名人的名言,至于Keeny.G其他的言论是否有逻辑问题,我们这里无法一一考证,但从这里的语言而言,Keeny.G并没有错,因为他所说的"必须不停地练习,成功的大门才会为你打开"是一个必要条件假言命题。必要条件假言命题的逻辑性质是"无之必不然,有之未必然"。就是说,无前件必无后件,而有前件未必有后件。常识告诉我们,乐器"多练"事实上也是演奏"成功"的必要条件,不多练不能成功,而多练并不一定会成功,因此这位大师的话是正确的,并不存在"误导"青年的问题。作者将大师的话曲解为充分条件假言命题,然后对这种"误解"加以分析批判,从逻辑上看叫作偷换论题,恰恰不是名人误导了青年,而是作者"误解"了名人的话。十分遗憾的是,这种误解在现实生活中并不鲜见。

5. 创新之利器

有效演绎的特质是"必然地得出",其结论在形式上就蕴涵在前提之中。在逻辑发展史上,弗兰西斯·培根就曾以这样的理由,即演绎逻辑不能推出新知而否定演绎在创新中的价值。培根创建传统归纳逻辑功莫大焉,但这个认识却是对演绎的误识。实际上,创新之"新"应该包含两种类型,其一是由"无"到"有"。本来是没有

---

① 李国文:《慎信名言》,载《人民日报》(海外版),2000年6月7日。

的,被创造出来了而成为"有",换句话说,就是将本来并"不存在"的东西,通过一定的手段创造出来了,这种被创造出来的东西显然是"新"的。这是相对于"本体"而言的"新"。其二,本来是"有"的,但不为人们所知道,通过一定的手段将它彰显出来而为人们所知道,相对于认知主体而言,这也是一种"新"。就前者而言,所有的人工制品,都是创新的产品,因为这些人工制品,在一定意义上是人从"无"中创造出来的。当然,从终极的意义上,也不是从"无"到"有"的创造,只不过是物质形态的改变,因为物质本身是不灭的,但形态的改变是可能的。就后者而言,是认知范围的拓展,是认识内容的深化,是新规律的发现,是思维领域中的发明。演绎逻辑能够创新,就是具有创造这种"新"物的功能。

在认知条件有限的情况下,人们并不知道有"物质波"的存在,但人们可以通过演绎推理知道有这种物质现象的存在。尽管这里的推理前提已经蕴涵着这样的结论,但这样的前提中究竟蕴涵了怎样的信息,不通过逻辑演绎揭示出来,人们并不知道。非欧几何的创立过程、狄拉克反粒子说的创立过程,都非常典型地例示了演绎的创新功能。[①]所以,演绎的创新功能就在于将已"有"的彰显出来,使之由潜在转化为显在。

下面这首杜甫的绝句从诞生以来,便被不同朝代的文人推崇,并逐步成为人们教育学童学习唐诗的材料之一。可是,不通过逻辑推理,又有多少人能够"知道"其中蕴涵着对旧时水道的描述?

两个黄鹂鸣翠柳,
一行白鹭上青天。

---

① 参见郁慕镛、张义生主编:《逻辑、科学、创新——思维科学新论》,长春:吉林人民出版社2002年版,第29—32页。

窗含西岭千秋雪，

门泊东吴万里船。

有人推断：如果"门泊东吴万里船"是当时景色的真实写照，那么成都杜甫草堂前原先就应该有水道，否则，这首名诗就有问题。后经勘察，果然在那里找到了旧时水道的遗迹。这是通过演绎推理的方式彰显潜在现象的结果。

就科学理论而言，逻辑演绎的这种功能更为重要。科学理论是以知识体系形式陈述着科学研究的成果。科学研究活动是产生科学理论的现实基础。在追根究底的意义上，科学理论创新的动力和源泉是实践，是实践的需要引动科学研究进而促动科学理论的创新和发展。但是，以"客观知识"形态存在的科学理论亦有其相对独立性，即有其内在的逻辑结构及其自我演进的逻辑。因此，科学理论的创新机制可以分为两类，一类是外在的实践促动机制，另一类是内在的逻辑演进机制。

科学理论作为一种系统性知识是以整体的方式存在的。这种整体是以某种基本信念为核心，通过"逻辑演绎"方式贯通零散、独立的知识性命题而形成的。逻辑贯通的过程，既是科学理论不断清理命题之间内容上的对立和形式上的矛盾，使得不同命题之间越来越具备协调性的过程，也是科学理论的整体越来越趋于严密性从而达致系统化的过程。相对而言，越是成熟的科学理论，其内在的演绎结构就越为严谨，其内在的逻辑矛盾就被清理得越为彻底。科学理论中的"逻辑矛盾"有层次之分。表层的是普通的逻辑矛盾。凭借实验、经验和思辨，在不触动科学理论"硬核"的情况下，对相互冲突或矛盾的命题人们容易依据其可信性和可靠性的程度给出优劣排序，进而采取"占优策略"予以适当的取舍，以清除矛盾并弥合它们对科学理论整体造成的缝隙；深层的是特殊的逻辑矛盾。这是在普通的逻辑矛盾被清理之

第二章　演绎求"真":形式理性的法庭

后又显现出来的关涉科学理论体系核心假说可信与否的逻辑矛盾。这种矛盾常常危及科学理论的"硬核"。面对这样的矛盾,通过对矛盾命题进行优劣排序而予以清除的"占优策略"往往是失效的,如若一定要对矛盾命题作非此即彼的简单取舍,不仅不能真正地消解这种矛盾,还可能因为彻底否定了矛盾命题之一方而导致既有的科学理论之应有价值受损。这种特殊的逻辑矛盾我们称之为科学理论悖论。科学理论史上曾经出现过不少悖论,诸如"$\sqrt{2}$悖论""无限小量悖论""集合论悖论""光的本质悖论""光速悖论"等,这些悖论在给当时的科学理论带来生存"危机"的同时,却也给它们带来了难得的质变性的创新和发展的机遇。

就$\sqrt{2}$悖论而言,它原出于古希腊时期的毕达哥拉斯学派,这个学派坚信,世界上一切事物和现象都可以归结为数。"万物皆数"是该学派共同的哲学信仰。由于数量概念源于测量活动,当时人们普遍确信一切量都可以用有理数表示。因为测量得到的任何量在任何精确度的范围内都可以表示成有理数。毕达哥拉斯学派将这种认识凝练为可公度原理,即"一切量均可表示为整数与整数之比"。基于这样的哲学信仰和数学共识,毕达哥拉斯学派致力于早期的数学研究,取得了诸多成就,尤其是成功地发现了伟大的毕达哥拉斯定理。

从"万物皆数"和"可公度原理"这样的前提出发,毕达哥拉斯学派成员希帕索斯通过演绎推理发现,边长为1个单位的正方形其对角线的长度,即$\sqrt{2}$却无法表示为整数之比。

这里的证明相当简约:假设$\sqrt{2}$是有理数。设$\sqrt{2}=p/q$。这里p、q是自然数,并且$(p,q)=1$。公式两边平方后,再同乘以q^2,得$2q^2=p^2$。所以,p^2是偶数。由于奇数平方仍然是奇数,因而推得p也是偶数,即可令$p=2p_1$(p_1是自然数)。将它代入上式可得:$q^2=2p_1^2$。同理可得,q也为偶数,即p、q有公约数2,显然,这与$(p,q)=1$相矛盾,这个结论与可公度原理也是矛盾的。

$\sqrt{2}$虽然无法公度,但它确实量度出了一个确定的长度,也有作为数存在的权利。而且,重复运用希帕索斯的方法,可以得到无限多个不可公度的数。这让毕达哥拉斯大为苦恼。据说,希帕索斯因为这个发现还招致了杀身之祸。经过痛苦的抉择,毕达哥拉斯学派承认了这种数的存在,称之为"阿洛贡"(alogon,意为"不可说")。但他们不愿意放弃可公度的思想,提出了改变可公度单位的"单子说"。"单子"是一种如此之小的度量单位,以致本身不可度量却又可以保持为一种不可分的单位。它有些像后来的微积分基础中的"无限小"概念,但在当时的毕达哥拉斯学派内部是提不出导致数学基础理论第二次"危机"的无限小是零或非零的问题的,因为此时的毕达哥拉斯学派并不承认零是一个数。

毕达哥拉斯学派内部之"阿洛贡"的发展历史没有明确地记载下来,但在其学派之外,人们并没有过多地顾及"单子"问题,而是逐渐放弃了"可公度原理"。到了欧几里得时代,无理量及其证明成了《几何原本》的重要组成部分。直至19世纪时,一批著名的数学家,比如,哈密顿、威尔斯特拉斯、戴德金和康托尔等认真研究了无理数,给出了无理数的严格定义,提出了一种同时含有理数和无理数的新的数类——实数,并建立了完整的实数理论,由希帕索斯悖论所引发的数学"危机"才最终得以消除。从"阿洛贡""无理量""无理数"到"实数",这些名称的演变表征着数学基础理论创新的艰难历程,也显现着科学理论发展的一般轨迹。[①]

演绎逻辑不仅是数学与自然科学创新的利器,同样也是社会科学创新的基本杠杆。马克思是众所周知的辩证法大师,因而在讨论其创

[①] 参见张建军:《科学的难题——悖论》,杭州:浙江科学技术出版社1990年版,第57—59页。

第二章 演绎求"真":形式理性的法庭

立马克思主义的思想方法时常常忽略形式逻辑的作用。实际上,马克思是谙熟传统形式逻辑并在创立与发展马克思主义的过程中熟练加以应用的。这特别体现在被恩格斯称为马克思的"两大发现"之一的剩余价值理论的发现之上。有效的演绎推理与论证,在其中发挥了至关重要的作用。为了使这一点有充分的说服力,我们来看《资本论》第1卷中的如下论证文本:

> 在资产阶级社会的表面上,工人的工资表现为劳动的价格,表现为对一定量劳动支付的一定量货币。在这里,人们说劳动的价值,并把它的货币表现叫作劳动的必要价格或自然价格。另一方面,人们说劳动的市场价格,也就是围绕着劳动的必要价格上下波动的价格。

> 但什么是商品的价值呢?这就是耗费在商品生产上的社会劳动的对象形式。我们又用什么来计量商品的价值量呢?用它所包含的劳动量来计量。那么,比如说,一个12小时工作日的价值是由什么决定的呢?是由12小时工作日中包含的12个劳动小时决定的;这是无谓的同义反复。

> 劳动要作为商品在市场上出卖,无论如何必须在出卖以前就已存在。但是,工人如果能使他的劳动独立存在,他出卖的就是商品,而不是劳动。

> 撇开这些矛盾不说,货币即对象化劳动同活劳动的直接交换,也会或者消灭那个正是在资本主义生产的基础上才自由展开的价值规律,或者消灭那种正是以雇佣劳动为基础的资本主义生产本身。举例来说,假定一个12小时工作日表现为6先令的货币价值。或者是等价物相交换,这样,工人以12小时劳动获得6先令。他的劳动的价格就会等于他的产品的价格。在这种情形下,他没有为他的劳动的购买者生产剩余价值,这6先令不转化

为资本,资本主义生产的基础就会消失,然而正是在这个基础上,工人才出卖他的劳动,而他的劳动也才成为雇佣劳动。或者工人在12小时劳动中获得的少于6先令,就是说,少于12小时劳动。12小时劳动同10小时劳动、6小时劳动等等相交换。不等量的这种相等,不仅消灭了价值规定。这种自我消灭的矛盾甚至根本不可能当作规律来阐明或表述。①

分析上述文本,即使仅从我们前面简单概述的传统演绎逻辑知识也可看出,这几段文本的基本逻辑骨架是如下有效三段论(请参考前面所列出的推理形式):

(所有)商品是在出卖以前就已存在的,
(所有)工人劳动不是在出卖以前就已存在的,
所以,(所有)工人劳动不是商品。

从马克思的论述语境看,这里的"出卖以前"是指"购买方得以使用之前",因而"期货"商品在出卖以前也是已存在的,故"出卖"一词更好的译法应为"卖出"。马克思清晰地论证了两个前提的真实性,进而得到了这个为古典经济学所遮蔽的结论。若加之如下推理的分析,我们可以对此会有更清晰的理解。请考虑:

(所有)商品是在出卖以前就已存在的,
(所有)工人劳动是商品,
所以,(所有)工人劳动是在出卖以前就已存在的。

因为这种有效三段论推理结论到前提具有"逆保假性",在确认结论为假且大前提为真的情况下,必须否认小前提"工人劳动是商品"。正是通过这样的逻辑推理与严格论证,马克思令人信服地揭示了旧的

---

① 《马克思恩格斯选集》第2卷,北京:人民出版社1995年版,第221—222页。

第二章 演绎求"真":形式理性的法庭

经济理论中"劳动商品论"的错误,第一次明确区分了"劳动"和"劳动力",创立了"劳动力商品论"和关于工人劳动创造的价值与劳动力价值之差额的剩余价值学说,揭示了作为劳动力购买方的资本家剥削的秘密。

在马克思的上述论述中也精彩地使用了关于选言命题和假言命题的命题逻辑推理,我们留给读者加以分析。在此需要强调指出的是,马克思这里两次使用的"矛盾"一词,都是指旧的经济理论违反形式逻辑矛盾律所决定的不矛盾规范的"自相矛盾"的逻辑错误,而不是辩证法所讲的"客观矛盾",这是马克思用"自我消灭的矛盾"所明确昭示的。一般而言,对于上述有效推理式而言,如果肯定其全部前提而否定其结论,就必然导致"劳动既是商品又不是商品"这种"自我消灭的矛盾"。这也体现了形式逻辑的矛盾律作为逻辑思维法则的"基本性"之所在。

在社会生活领域,通过演绎的机制也同样可以帮助人们审思道德信念或原则中的隐含意义。学界曾经反复讨论过这种现象:对于一位医生或一家医院而言,遇到一位身无一文、家里也一贫如洗的打工仔,因受伤或患病而被送到自己面前,该不该对他救治?救治到什么程度?如果救治,费用全要由自己承担,这样的事例一多,医生或医院肯定就无法承受。如果因此而谴责医方,显然是不公平的。如果拒绝救治,眼看伤病员的情况恶化,这是不人道的。按照传统道德观念,医方应发扬风格,弘扬道德精神,牺牲自己的利益救治伤患者,毕竟与救命须及时这一点相比,医药费用问题的紧迫性并不是在同一个层次上,还可能有时间、有办法得到解决。然而,从本质上讲,这种每次总是牺牲一方的利益保全另一方利益的做法是不能作为普遍的道德规则得以持续的。因为它是不合宜的,不合宜的事物无论怎样说都不能算是道德的。[①] 这种矛盾现象的广泛揭示,终于促动并促成了我国政府大力推行医疗保障制度,包括新农村医疗合作制度。试想,如果没有人们对不合理现象作合乎逻辑的反思和批判,没有演绎规则对人们求"真"思维作形式保障,社会理性又如何能够规约人们的社会实践呢?

[①] 参见甘绍平:《应用伦理学的特点与方法》,载《哲学动态》1999年第12期。

第三章　归纳求"信":合理置信的底蕴

与演绎一样,人也有归纳的"天赋"能力。小时候,手被火烧痛过,"一朝被蛇咬,十年怕井绳",懂事后就绝不会再有意地让火烧手,除非是想自虐。人不仅会对经验的事情作"是不是""是什么"的性质归纳,还能够特别精明地作"是多少""多大程度是"的定量归纳。这种量的归纳往往被称之为"概率","几乎每一个你有意识地作出的决定都与概率相关。当你穿衣服时,你的决定取决于你对天气的判断;当你过马路时,你的决定取决于你对发生车祸的可能性的估计;你储备备用灯泡,是为了应付某种可能性;你向保险公司投保,理由是'以防万一'。对于概率,人类一定拥有非常充分的直觉,否则人类文明不可能演化到现在的状态"[1]。

然而,归纳的结果并不总是合理可信的,也有不少是有失偏颇的、不可信的,或者是可信度极低的。鲁迅在其《内山完造作〈活中国的姿态〉序》里曾经批评了某些外国人喜欢随便下结论的坏习气,文章中指出了这样一种现象:"一位旅行者走进了下野的有钱的大官的书斋,看见许多许多很贵的砚石,便说中国是'文雅的国度';一个观察者到上海来一下,买了几种猥亵的书和图画,再去寻寻奇怪的观览事物,便说中国是'色情的国度'。"[2]可想而知,如果将这样的结论推广开来,其后果是恶劣的,甚至是灾难性的。

---

[1]　黑格:《机会的数学原理——明知其输而博赢的概率分析》,李大强译,长春:吉林人民出版社2001年版,前言第1页。

[2]　《鲁迅全集》第6卷,北京:人民文学出版社1980年版,第272页。

1. 归纳与置信

尽管亚里士多德也曾讨论过简单枚举归纳法和直觉归纳法，但直到弗兰西斯·培根，系统的归纳逻辑才得以创立。培根倡言"知识就是力量"，要获得新知，就需要从经验材料中抽象、概括出一般性结论。为了避免不当的情感和错误的感觉对这种抽象和概括造成不必要的干扰，培根提出了"三表法"，即本质和具有表、缺乏表和程度表，以及排除法。后来，经过密尔等人的发展与完善，传统归纳逻辑理论得以确立。

在上一章中，我们讨论了演绎推理或论证的多方面价值与功能。而我们的讨论也充分表明，人类实际思维和论辩中对任何一个命题的演绎论证，都需要从人们相信为真的前提出发。而人们对这种前提之真的合理相信无非来自两个途径：一是从其他演绎论证得来；二是从归纳论证得来。而从系列演绎推理的"基本前提"或"最终前提"而言，则只能从归纳论证得来。这些基本前提，必须是一定领域认知共同体"公认为真"的公共信念，而这种公共信念之"真"，只能由归纳论证来说明。对于归纳论证区别于演绎论证的基本性质，柯匹与科恩的《逻辑学导论》给出了清晰的说明：

> 归纳论证不要求它们的前提必然地支持结论，纵然其前提是真的。它提出一个较弱的但仍然是很重要的要求：其前提或然性地支持结论。或然性总是必然性的缺乏，因而上述（演绎逻辑）关于有效性和无效性的讨论并不适用于归纳论证：归纳论证既不是有效的也不是无效的。当然，我们仍然可以对它们进行评估。实际上，对（实际的）归纳论证进行评估是任何领域的科学家最主要任务之一。归纳论证的前提为它的结论提供某种支持，前提授予

结论的或然性程度越高,论证的价值也就越大。一般情况下,我们可以说归纳论证"较好"或"较差","较弱"或"较强",等等。但是,甚至在所有前提都是真的并且对其结论提供了非常强的支持的情况下,归纳论证的结论也不是必然得出的。①

也就是说,演绎前提对结论是"必然支持","支持度"为百分之百,可以纯粹从形式上即可加以判定是否有这样的支持度;而归纳前提对结论的支持只是"或然支持",支持度都达不到百分之百,即不能"形式保真"。但"归纳推出"或"归纳支持"有支持度的高低、强弱之分,所以,归纳推理或论证的"好""坏"不能用演绎意义上的"有效""无效"来区分,但可以用"强""弱"来区分。前提对结论的支持度高的,就是"强归纳",支持度低的是"弱归纳"。

显而易见,对于评估归纳推理的好坏、强弱,并不能像评估演绎推理的有效、无效那样制定出纯形式的"刚性"规则,而只能提出一些"柔性"的"合理性准则",比如我们前面提到的"不能以偏概全""不能轻率概括",至于到底多大数量、多大范围才算不"偏""不轻率",需要结合具体情况、具体研究领域的要求及研究目的等因素加以确定。现代归纳逻辑试图系统地运用"概率"演算将这种"支持度"加以量化把握,但它们在衡量具体归纳推理的强度时仍然只能做"柔性"的把握与使用。不过,需要明确的是,这种非形式的"柔性"是对用以评估归纳推理的"规则"而言的,不是就研究对象而言的。归纳逻辑的研究对象仍然是归纳推理或论证的"形式",所以归纳逻辑仍然可被称为"形式逻辑"。

初学归纳逻辑,需要仔细辨析以下几个术语的含义。

---

① 柯匹、科恩:《逻辑学导论》,张建军、潘天群等译,北京:中国人民大学出版社2007年版,第50页。

一个术语是国内逻辑基础教材和通俗读物中经常使用的一个说法,叫作"提高归纳推理的可靠性",这里的"可靠"是"归纳强"的另一种说法,我们后面也使用这一说法。但是需要注意,国内学界也经常把英语逻辑文献中"sound""soundness"翻译成"可靠""可靠性",这两个词本来跟"Valid"(有效)、"Validity"(有效性)一样,在逻辑文献中都是指谓演绎推理或论证之性质的专门术语。Valid 仅指演绎推理或论证的形式正确,而 sound 指演绎推理或论证不仅形式正确,而且前提也都是真的(这样其结论也必真)。所以大家在看逻辑读本遇到"可靠""可靠性"这样的术语时,先要看清它是在哪个意义上被使用的。在演绎的 soundness 的意义上,"可靠"与"不可靠"是截然二分的,非演绎的归纳推理才有"提高"可靠性、也就是提高归纳强度的问题。

另一个术语在国内逻辑教材和读物中也经常出现,即所谓"正确推理"。多数教材都对"正确推理"提出了如下条件:就演绎推理来说必须是前提均真并且形式正确(有效);就归纳推理来说也必须前提均真并且归纳强。这个术语表面上可与英语逻辑文献中"correct reasoning"相对应,但实则不然。英文逻辑文献中的这个术语往往仅指"形式正确",在演绎逻辑中指"有效推理",在归纳逻辑中指"归纳强"的推理。现在有些逻辑翻译读本也把"correct resoning"这个术语翻译为"正确推理",大家在阅读时也要注意加以分辨。

我们所谓"归纳推理的可靠性"一语中的"可靠性",若译为英文逻辑文献中的术语,比较传神达意的应是"credibility"(可置信性)。归纳推理的认知功能恰恰在于:如果我们相信推理的所有前提,而推理本身又是"归纳强的",那么我们可以合理地对结论加以一定强度的"置信"。如果推理本身是"归纳弱的",即使我们相信它的所有前提,也不能对其结论加以"置信"。归纳推理或论证就是为这样的"置信"服务的。而人类借以进行演绎推理或论证的许多"共识"(公共信念),就是

第三章 归纳求"信":合理置信的底蕴

通过这样的"置信"途径形成的。

我们用"归纳求'信'"这样的说法,不是说在为"求真"服务这一诉求上与演绎有什么不同,而是要强调归纳推理与演绎推理相比,前者的"归纳强"比后者的"演绎有效"更加依赖于其使用者实际的信念系统。现代归纳逻辑研究者形成了一个重要观点:"当事人的背景知识将决定他所构造的或接受的归纳概率逻辑的性质。"[①]这里的背景知识就是指实际做推理者已有的"背景信念",也就是其已经"信以为真"的东西。与演绎推理不同,这种背景信念对一个特定的归纳推理是否是"归纳强"地去"合理置信"有重要影响。在演绎推理中,一个推理如果是"有效"的,那么,再增加任何前提它还仍是有效的;不会因为增加了前提推理就变成无效的。但在归纳推理中,如果一个归纳推理是"归纳强"的,再增加别的前提却有可能变成"归纳弱"的。比如前面所举出的"概率三段论":"绝大多数 M 是 P,这个 S 是 M,所以这个 S 是 P。"一般地说,具有这个形式的推理是"归纳强"的,例如:"绝大多数青年喜欢流行音乐,李兵是青年,故李兵喜欢流行音乐。"如果我们相信两个前提,一般说来,我们据此赋予结论很高的"置信度"就是合理的;但是,如果推理者的背景知识中有"李兵是聋哑人",那么这个推理的强度就大大减弱了,再据此推出结论就不是合理的"置信"。归纳推理与演绎推理的这种重要差异,逻辑学家称之为"非单调性"与"单调性"的差异。

澄清了上述问题,我们就来具体讨论一些归纳推理的逻辑知识。

如前所述,亚里士多德已经探讨了"简单枚举"这样一种归纳推理。所谓简单枚举归纳推理,就是根据某类认识对象中的部分对象具有或不具有某种属性,推出该类全部对象具有或不具有某种属性的归

[①] 鞠实儿:《非巴斯卡归纳概率逻辑研究》,杭州:浙江人民出版社1993年版,第3页。

纳推理。

简单枚举归纳推理的形式是：

S_1 是（或不是）P

S_2 是（或不是）P

S_3 是（或不是）P

……

S_n 是（或不是）P

$S_1, S_2, S_3, \cdots S_n$ 是 S 类的部分对象，枚举中未遇到反例

所有 S 都是（或不是）P。

显而易见，简单枚举归纳推理的结论已超出了前提的断定范围，因而是不能"形式保真"的。而要提高简单枚举归纳推理结论的可靠性（可置信性）程度，传统归纳逻辑所给出的"柔性规则"就是：前提中考察的个别对象的数量要尽可能多些；考察的范围要尽可能广些。被考察的对象越多，一般来说，结论的可靠性程度越高。前提数量过少、范围过窄，就会犯"轻率概括""以偏概全"的错误。我们在前节中所举出的一些实例，已例示出了遵守这样的规则的必要性与重要性。

简单枚举归纳推理有一种"极限情况"，即把上列形式中的"部分对象"改为"全部对象"，也就是说，枚举中已把所有考察对象列举完毕，其形式为：

S_1 是（或不是）P

S_2 是（或不是）P

S_3 是（或不是）P

……

S_n 是（或不是）P

第三章 归纳求"信":合理置信的底蕴

$S_1, S_2, S_3, \cdots S_n$ 是 S 类的全部对象

所有 S 都是(或不是)P。

这种推理通常被称为"完全归纳推理",相应地,简单枚举归纳推理被称为"不完全归纳推理"。但显而易见,与简单枚举归纳不同,这种"完全归纳"是可以"形式保真""必然地得出"的,因而从形式逻辑的分类看,它应属于一种特殊的演绎推理。尽管从哲学认识论上看,它属于"从个别(特殊)到一般(普遍)"的"归纳推理"。这一点,传统归纳逻辑的集大成者密尔做了特别强调。他指出,不仅这种"完全归纳"实际上是演绎推理,作为它的拓广形式、在数学证明中常用的所谓"数学归纳法",也是一种演绎推理,故在形式逻辑上它们都是有"归纳"之名而无归纳之实,在理解上不能"以名害实"。① 所以,"完全归纳"一词中的"归纳"只能从哲学认识论的层面上来理解,而不具有形式逻辑上的"归纳"之意。而"简单枚举归纳"中的"归纳"一词,则从这两种含义上理解都是成立的。

在人们的日常思维中,完全归纳推理运用得很多。比如,我们班同学都参加了这次春游活动;今天这幢教学楼所有的教室都打扫过了;参加这次党代会的所有代表都报到了,等等,这些结论都是从数量非常有限的对象通过无遗漏的完全归纳得到的结论。不过,由于完全归纳推理要求其前提"涵盖全部对象,一个都不能遗漏",而在实际生活和工作中,我们很难满足这两个要求。一方面,有的认识对象的个别性情况数量太大,人的精力和能力有限,无法对它们当中的每一个对象都进行认识,并确定它们是不是真的;另一方面,在有些情况下,我们没有必要对认识对象中的每一种情况,都进行分别的认识。基于

---

① 参见邓生庆、任晓明:《归纳逻辑百年历程》,北京:中央编译出版社2006年版,第42—43页。

这两方面的认识,有不少逻辑教材和读物都做出了这样的论断:完全归纳"不适用于个体对象数目很大和包含无限多个个体对象的一类事物"。但是,这个认识大大降低了完全归纳法的实际作用,是需要澄清的。

这种认识的由来,是因为把完全归纳推理的前提只限于关于"个体对象"的命题,实际上,完全归纳推理的前提也可以是对"类对象"的断言。比如:"碱金属"的个体对象并不是"数量非常有限的",但下面这个关于碱金属的推理也是一个典型的完全归纳:"锂、钠、钾、铷、铯、钫都可与氧分子发生反应,这六类金属就是全部碱金属,所以,所有碱金属都可与氧分子发生反应。"显然,是否能够做这个完全归纳推理,取决于我们能否对"碱金属"做一个完善的"分类",并可以对它的"全部子类"做完全归纳。这个道理其实早已被亚里士多德所揭示。亚里士多德在《前分析篇》中举例说,假设我们给出"没有胆汁的动物"一个完善的分类,如人、马、骡等,并且假设知道所有这些种类的一个共同性质(如长寿的),那么,我们就可以通过完全归纳得出"所有没有胆汁的动物都是长寿的"这样的结论。亚里士多德指出,这种完全归纳可转化为下述直言三段论:①

> 所有人、马、骡等是长寿的;
> 所有无胆汁的动物是人、马、骡等(完善分类);
> ——————————————————
> 所有无胆汁的动物是长寿的。

也就是说,基于分类中介,完全归纳推理也可以适用于"个体数目很大或无限大的对象"。实际上,完全归纳推理(包括"数学归纳法"这种拓广形式),在科学性思维中起着非常重要的枢纽性作用。这不但

---

① 参加张家龙主编:《逻辑学思想史》,长沙:湖南教育出版社2004年版,第539页。

第三章 归纳求"信":合理置信的底蕴

适用于自然科学探究,同样也适用于社会科学探究。比如我们可以在对"政体"的完善分类的基础上,通过完全归纳概括出所有政体的某些共有属性;我们也可以在对"民主政体"的完善分类的基础上,通过完全归纳概括出所有民主政体的某些共有属性。这正是古今政治学家(包括亚里士多德本人)长期努力从事的工作。

我们在这里着力澄清"完全归纳"问题,一是将之用来与简单枚举归纳推理加以比较,二是由这个简单视角显示演绎与归纳在实际逻辑思维中的互补关系。

正如培根与密尔所强调,简单枚举归纳推理是非常"脆弱"的。即使我们努力遵守"不以偏概全""不轻率概括"的要求,因为它的"可置信性"建立在"枚举中没有发现反例"这一要求之上,这样的推理结论很容易为反例所推翻。比如我们过去根据简单枚举得到"所有天鹅都是白的""所有乌鸦都是黑的",但只要我们发现一只"黑天鹅"或"白乌鸦"(都在澳大利亚发现了),那么原来基于大量实例的枚举结论就被推翻了。他们认为,仅仅依靠简单枚举推理得到结论的这种"脆弱"性,源自这种方法只是在现象观察层面做简单推广,不能去把握现象背后的本质性、规律性的因果联系。因此,为了进一步提高简单枚举归纳推理结论的可靠性(可置信性)程度,必须设法探求可能居于其背后的因果联系。比如,我们仅仅通过对大量金属的考察通过简单枚举得出"所有金属都导电",那充其量只是一个"合理猜想",但是,当我们发现各种非常不同的金属"导电"的共同原因在于"其原子中有自由电子存在",那么这个结论的可置信性就大大提高了。故培根和密尔认为,归纳逻辑的主要任务,在于系统地刻画探求因果联系的推理机理。为此,培根系统地建构了探求因果联系的"排除归纳法",后被密尔完善为五种探求因果联系的方法(统称"密尔五法"),即求同法、求异法、求同求异并用法、共变法和剩余法,并给出了它们一般的推理形式。

129

他们的上述认识得到了学界普遍认可,他们也由此分别被公认为传统归纳逻辑的创始人和集大成者。

由于因与果是相互伴随的,如果研究的现象出现在两个或更多的场合,其中只有一种共同的情况,那么所有这些场合都具有的那种共同情况,很可能就是所研究现象的原因或结果。这种探求因果联系的方法,叫作"求同法"。比如,1960年,英国一家农场的10万只鸡、鸭,由于吃了发霉的花生而患癌症死去。用这种饲料喂养的羊、猫、鸽子等,也先后患癌症死去。有人在实验室里观察白鼠吃了发霉花生后的反应。结果,白鼠也患肝癌而死去。科学家发现,发霉的花生中含有黄曲霉素,而黄曲霉素是致癌物质。科学家推论:动物吃了发霉的花生,就会患癌症而死去。(当然,这是指大剂量食用,少量食用无碍。)再如,人们曾经发现,年龄、性别、身体素质、生活习惯、经济状况不同的酿醋工人很少患感冒,他们有一个共同的情况:在工作中呼吸道经常接触醋蒸气。人们得出结论:经常接触醋蒸气能够预防感冒。正是基于这样的认识,2003年春夏之交 SARS(Severe Acute Respiratory Syndrome,传染性非典型肺炎,全称严重急性呼吸综合征)肆虐之际,很多地方的醋的销售都十分紧俏,人们试图用醋清洁空气,预防SARS。从思维方式角度说,这就是在运用求同法。

求同法的推理路径可概括为"异中求同",其推理结构可用公式表示为:

场合1:有先行(或后行)现象 A、B、C,有被研究现象 a;
场合2:有先行(或后行)现象 A、B、D,有被研究现象 a;
场合3:有先行(或后行)现象 A、C、E,有被研究现象 a;
……

A 是 a 的原因(或结果)。

一个场合中发生了我们所研究的现象,而另一个场合中不发生我们所研究的现象,这两个场合中只有一点不同,这一点是前者所有而后者所没有的,那么这唯一不同的一点可能就是这个现象的结果或原因,或者是原因中不可缺少的一部分。这种方法叫作"求异法"。比如,澳大利亚原来没有牛羊,稍高等的动物只有袋鼠。后来引进了牛羊。牛羊多了,畜粪也就多了起来。单就牛粪而言,1000万头牛,一天可生产近亿堆牛粪。畜粪越积越多,牧草压在底下,无法生长;畜粪又滋生大量蚊蝇、牛虻,侵害人畜,传播疾病,搞得举国不宁。为什么世界上别的牧场也是牛羊成群,却没有畜粪问题?研究人员通过细心的比较发现:那里有无数的推粪虫在推着粪球,把一堆堆畜粪化整为零,推入土中……后来,澳大利亚设立了推粪虫研究所,培养推粪能手,几年时间,牛羊粪被清除得干干净净,牧草丰茂起来,蚊蝇、牛虻大为减少。这就是对求异法的运用。

求异法的推理路径为"同中求异",其推理结构可用公式表示为:

场合1:有先行(或后行)现象 A、B、C,有被研究现象 a;
场合2:有先行(或后行)现象——,B、C,没有被研究现象 a;

A 是 a 的原因(或结果)。

求同法前提中要求在被研究现象的先行(或后行)现象中"其他现象不同,仅有一种现象相同";求异法前提中则要求"其他现象相同,仅有一种现象不同",这两个要求在实际的观察和实验中是难以达到的。在"其他现象"有同有不同的条件下,我们也可以寻找一种"退而求其次"的推理方法,即"求同求异并用法"。如果两组事例,其中只能找到一组事例有一个共同的现象,而在另外一组事例中没有那个现象产生,那么这两组事例成为对比的那种唯一不同的情况,可能就是我们所要研究的结果或原因,至少是原因中必不可少的一部分。这种方法就叫作"求同求异并用法"。比如,日本学者对正在哺乳的妇女在各种条件相同的情况下进行了一次音乐试验:将120名妇女分成两组,一组使之收听通过扬声器播放的古典音乐,另一组则不让其听音乐,结果,收听音乐的妇女比未听音乐的妇女乳汁增加了20%。从中得益的人,应该归因于这种求同求异并用法的使用。

求同求异并用法的思维结构可用公式表示为:

正面场合:有先行(后行)现象 A、B、C,有被研究现象 a;
有先行(后行)现象 A、D、E,有被研究现象 a;
反面场合:有先行(后行)现象—、B、F,没有被研究现象 a;
有先行(后行)现象—、D、H,没有被研究现象 a;

A 是 a 的原因(结果)。

请注意,这种方法是一种独立的方法,其中"并用"的是"求同法"与"求异法"的弱化形式。若是真正的求同法、求异法的联合运用,那么其结论的可靠性就比上列"并用"高多了。请比较这种"联合运用"的形式:

正面场合:有先行(后行)现象 A、B、C,有被研究现象 a;
有先行(后行)现象 A、D、E,有被研究现象 a;
反面场合:有先行(后行)现象—、B、C,没有被研究现象 a;
有先行(后行)现象—、D、E,没有被研究现象 a;

A 是 a 的原因(结果)。

一种现象,无论何时只要某一个别现象发生某种特殊变化,它即随之而发生一定程度的变化,则前一现象便是后一现象的原因或结果,或者必定有某种因果联系。这种探求因果联系的方法叫作"共变法"。比如,人们通过实验发现,把新鲜的植物叶子浸在有水的容器里,并使日光照射叶子,就会有气泡从叶子表面逸出并升出水面,而在其他条件不变的情况下,随着日光强度的逐渐增加,气泡也逐渐增加;而日光强度逐渐减弱,气泡也会逐渐减少。由此可见,日光照射与植物叶子放出气泡有因果联系。

共变法的推理路径可概括为"同中探变",其推理结构用公式可以表示为:

有先行(后行)现象 A_1、B、C,有被研究现象 a_1;

有先行(后行)现象 A_2、B、C,有被研究现象 a_2;

有先行(后行)现象 A_3、B、C,有被研究现象 a_3;

———————————————————————

A 是 a 的原因(结果)。

从某一复杂现象中减去已知的因果的部分,剩下来的便是其余先前事项的结果。这种探求因果联系的方法叫作"剩余法"。比如,居里夫人已经知道纯铀发出的放射性射线的强度,而且也已知一定量的沥青矿石所含的纯铀数量。当她观察到一定量的沥青矿石所发出的放射性射线要比它所含的纯铀发出的射线强许多倍时,她便推断:在沥青矿石中一定还含有别的放射性射线极强的元素。

剩余法的推理路径是"排因取剩",其推理结构用公式可以表示为:

A、B、C、D 是 a、b、c、d 的原因,

A 是 a 的原因;

B 是 b 的原因;

C 是 c 的原因;

———————————————————————

D 是 d 的原因。

"密尔五法"为科学研究(包括自然科学与社会科学研究)中的观察与实验提供了基本的设计框架,大多表现为五法的综合运用,因而爱因斯坦将之列为与演绎逻辑相并列的科学思维基石。但是,五法的推理形式都不是"形式保真"的,都属于或然形式,因而都需要为提高推理的归纳强度制定合理性准则。除与简单枚举一样的"不以偏概全""不轻率概括"的准则外,每个方法也都有其特殊的合理性准则。求同法要注意各场合有无其他共同因素;求异法要注意差异场合间有无其他差异情况;求同求异并用法要注意尽可能接近求同法与求异法的要求;共变法要注意与被研究现象发生共变的情况是否唯一并要注意变化的限度;剩余法要注意复合现象要素间的相互作用(相干性),等等。

掌握"密尔五法"的基本推理结构和上述合理性准则,不仅有利于我们自己掌握观察与实验的正确方法,同时也有利于我们对他人的归纳论证进行合理性辨析。

2001年10月3日,《北京晨报》发了一则短讯,说北京某著名高校心理学系宣布了一项研究成果:"洗头越勤事业越顺",或者说,"洗发频率越高的人,越容易获得成功"。短讯说:

> 名称为"洗发频率与心理健康"的这一研究课题,对几百位不同性别、年龄、职业和背景的被访对象进行了心理特性研究和洗发习惯调查,并对数据进行了分析。结果发现,洗发频率高的人在很多心理特性上都强于洗发频率低的被访者,对自己头发发质的评价更高,更为自尊和自信,对未来更有信心,心态更为健康。
>
> 与同龄人相比,这些人的职位、收入、影响力、受欢迎度都要高,人生目标更为明确,所以也更成功。对于"我可以决定我未来的所有事情"这个观点,洗发频率高的被访问对象更倾向于同意,而对于"我觉得这个世界变化太快,令我难以理解和把握"的观

第三章 归纳求"信":合理置信的底蕴

点,他们更倾向于反对。此外,洗发频率高的人,克服困难、完成任务的能力和信念明显高于洗发频率低的人,耐受力也更强,更敢于接受挑战,对自己的做事能力有正面的评价。

这项"成果"引来了不少争议,但因其来源的"权威性",迄今仍频繁出现于有关人的心理健康的各种书刊特别是网络媒体中。这项"成果"是"可置信"的吗?这项研究的设计,显然是"求同求异并用法"和"共变法"的综合运用。对它的质疑,应运用上述合理性准则。从上述短讯中可见,研究者选择了"几百位不同性别、年龄、职业和背景的被访对象"进行求同,对每一种类被访问对象加以"求异"并发现共变现象,其中显然也试图遵守"研究范围尽可能广"(不以偏概全)这项合理性准则。但是,我们想一想,研究者所选择的研究范围是否足够广泛了呢?实际上,就"洗发频率"这一现象而言,"地域"的因素显然是更为相关的,而这一点恰在研究者的"差异"选项之外。假如研究者只是在北京或其周边地区加以选择,那么这个一般结论的"可置信度"就会大打折扣。因为众所周知,当时的北京风沙很大,"洗发频率"与其心理素质的关联是不难理解的。而果若如此,这项研究就不仅有"以偏概全"的问题,而且也没有遵循"求同时要注意各场合有无其他共同因素"的合理性准则,因为就"事业顺利"而言,隐藏于北京人"洗发频率"背后的心理素质因素,显然是更为根本的。同时,就共变法而言,这项研究结果也未能注意阐明这种"共变"关系的"限度"问题。这种分析表明,传统归纳逻辑在"批判性思维"方面亦可发挥重要功用。

传统归纳逻辑尽管为归纳推理提出了许多提高归纳强度或可置信度的合理性准则,但这些准则都是"柔性的",没有对这样的归纳强度或置信度加以量化刻画。现代归纳逻辑将概率工具引用到归纳逻辑中来,使得这种量化刻画成为可能,大大推进了归纳逻辑的发展。

如前所述,古典概率论是由帕斯卡创立的。1654年,帕斯卡在与数学家费尔玛的通信中,通过分析两个人掷骰赌博的过程,提出了他的概率理论。两名赌博者同意掷骰子直至其中一人赢得三次。一人掷赢两回,对家掷赢一回。这时进入第四轮,若前一个人仍然掷赢,那么就赢得了所有的赌注;若是对家掷赢,此时终止赌博,则形成平局。如果他们都不同意再掷第四轮,第一位赌博者可以名正言顺地声明,即便他输了第四轮,他的赌注仍然属于他,并且由于赢与输的概率是均等的,对手的赌注也应该分一半给他。帕斯卡利用这个例子提出了一种方法,这种方法使得无论赌博在哪一回合中断,都可以公平分配赌注。帕斯卡称他的理论为"几率数学",这就是古典概率论的起源。

在现实世界中,也存在着大量的随机事件。表面看来,随机事件是不确定的、杂乱无章、纯属偶然的,但大量的随机事件往往会呈现出一些规律性。概率就是以研究大量随机现象所呈现的规律为对象的一门学科。概率归纳推理是给出某类或某个随机现象的概率的推理,从而获得某事件发生的可能性有多大,或者说某事件发生的机会有多大。由于是研究事件的不确定的程度,概率理论需要研究比较与测度的问题。现代归纳逻辑的一个重要特征就是在对归纳推理作形式化、数量化研究的基础上,构建出不同的概率逻辑系统。

古典概率,又称先验概率、结构概率。通过试验,人们对随机事件出现的可能性大小可给出一个定量的度量。用来计算随机事件出现的可能性大小的数就是事件的概率。比如,掷一枚硬币,其正面出现的概率即为:$P(A 正面)=1/2$。古典概率思想的特点是:第一,每次试验的结果的个数是有限的,且这些结果彼此相互排斥,即其结果是不可能同时出现的;第二,出现各种结果的可能性相等,又称之为"等可能性"。

统计概率是指谓这样一种概率情况,即如果一组事件不具有等可能性或试验有无限多个可能结果,古典概率就会失去其意义。这就需要运用统计概率方法。首先,引入随机事件频率概念。设随机事件 A 在 n 次试验中出现了 r 次,则称比值 r/n 为这次试验中事件 A 出现的频率,记作 W(A),即 W(A)=r/n。

显然,频率总是在这样的值域中,即 $0 \leqslant W(A) \leqslant 1$。据此,概率的统计定义为:如果随着试验次数 n 的增大,事件 A 出现的频率 r/n 总是在某个常数 P 附近摆动,则称 P 为事件 A 的概率,并记作 P(A)=P。统计概率的缺陷在于:对于不可重复的事件,比如,Y 先生死亡的概率就不可能通过统计概率得出结果。为了弥补统计概率的缺陷,人们又推出了一种新的概率形式——主观概率。

主观概率,也称为认识概率,它是由人们的知识状态所决定的。人们对所掌握的知识即证据越多,主观概率值就越大。它是人们进行科学决策的逻辑基础。它在一定程度上可以反映出某个人根据已经给定的证据对一个给定的命题所持的确信度。例如,一匹马 X 在与另一匹马 Y 的比赛中是否获胜,就必须尽可能寻找证据,即 X 与 Y 在过去的表现、健康状况、骑手的技术等,然后我们就会感觉到 X 获胜的概率数值有多大,即对 X 获胜所持有的确信度有多大。

由于上述概率理论的支撑,概率归纳推理受到越来越多的人的青睐。所谓概率归纳推理,就是根据某类事物已经观察到的部分对象具有某种属性的频率,推出所有该类对象(或某个对象)也具有这种属性的概率的推论。它可分为两种情况:一是由部分推向整体;二是由部分推向个体。

由部分推向整体的概率归纳推理的形式是:

S_1 是 P,

S_2 不是 P,

……

S_n 是(或不是)P,

$S_1, S_2, \cdots\cdots, S_n$ 是 S 类部分对象,且其中有 m 个 S 是 P,

─────────────────────────────

S 类所有对象是 P 的概率为 m/n。

这显然是简单枚举归纳在面对"反例"时的一种推广形式。而从一类事物足够多的部分(或全部)对象具有某属性的频率,可以推出该类任一对象也具有该属性,这是由部分推向个体的概率归纳推理,其形式是:

已观察到的 S 是 P 的概率为 m/n,
S_i 是 S 中任意一个,

─────────────────────────────

S_i 是 P 的概率为 m/n。

这就是我们前面提及的"概率三段论"的概率化表述式。前提中 m/n 表示已经观察到的 n 个 S 中有 m 个具有 P 属性,并且,m/n 还表示任意的一种比值。由此,若 m/n 极大地逼近值 1,则可推出"S_i 是 P"的结论;若 m/n 极小地靠近值 0,则可断言"S_i 不是 P"。比如,已经抽查某厂产品的合格率为 0.99,与已经抽查某厂产品的合格率为 0.01,就有产品免检与要求停产整顿的区别。

当然,这种推理也不能保证推出必然真实的结论。要提高这种推理结论的可靠性程度,必须遵守归纳推理的一般性规则,即尽可能多地增加试验的次数,尽可能广泛地考察事件出现的范围。否则,被授予"免检产品"称号的产品,仍然可能是极不合格的产品。2007 年 12 月开始曝光的河北"三鹿"问题奶粉,不仅给人民生命财产造成了极大损失,还直接导致了三鹿集团的破产。在一定程度上,这是质检部门过于机械地相信概率归纳推理的结论所致。他们忽视了概率归纳推理的或然性,把它当作必然性情况处理了。

与概率归纳推理相对应,人们提出了统计归纳推理这种新的归纳

第三章 归纳求"信":合理置信的底蕴

形式。统计是关于数量信息的收集、整理和分析的方法。运用统计方法,可以使人们获知一类确定现象在完全确定的实验条件下,它们所具有的特点、性质的分布情况。如果人们把这些性质转移到未知情况中去,便作出了一个统计归纳推理。所谓统计归纳推理,就是前提或结论包含有关某一确定事物类的某属性分布频率的统计陈述的归纳推理。它可以是从总体推向样本、从样本推向样本、从样本推向总体。在统计中,被调查的全体对象称作总体。从总体中选取少数被认为是典型的个体称作样本。从样本具有某属性推出总体也具有该属性,便作出了一个统计概括推理。就从样本推向总体而言,比如:

每年,车祸中近1/2的死亡事件和近1/3的伤亡事件与饮酒有关,

每年,工业事故近47%的死亡事件和40%的伤亡事件与饮酒有关,

饮酒引起跌倒致死的事件高达总数的70%,跌倒致伤事件则占总数的63%,

69%的淹死事件与饮酒有关,

……

所以,饮酒与惨剧的发生密切相关。

统计归纳推理在选取样本时应该遵守如下规则:(1)量的原则,即尽可能地加大所取样本的量。在其他条件相同的情况下,如果样本不均匀,那么,样本的可能性会随样本数量的扩大而增加。在样本均匀时,样本量不是重要因素。(2)随机原则,即要求选样不能是预定的,即在总体中,任一样本都有同样的概率被选取。(3)分层原则,即根据所研究的问题性质,把总体分成许多层(小类),再从各层中选取

样本,分层取样应多少准确地表达总体中具有的总的划分。①

美国《文学文摘》杂志为我们进行正确的统计归纳推理提供了前车之鉴。1936年,美国总统大选在即,《文学文摘》对总统选举情况开展了民意测验。他们发出了一千多万份测试卷,收回了二百多万份。从收回的测试卷情况看,大多数人支持共和党总统候选人兰登,而不倾向于另一位总统候选人罗斯福。于是,这家杂志社发出断言:兰登将当选本届总统!当正式选举的选票公布后,他们惊讶地得知,罗斯福当选为总统。这家杂志测试的样本人数总量并不少,为什么结果会出现这么大的反差呢?追问因由,主要在于对样本的选择不当。测试样本是由主持人通过电话访问或从汽车登记资料中找出车主得到的,而在当时的美国,拥有汽车或电话的人都属于社会中、上等富裕阶层。这些人既不占选民的多数,投票率又不高。正是由于这家杂志选择的测试样本不具有代表性,所以才出现了预测与实际结果的巨大反差。这种反差对这家杂志来说则是致命的。一方面,这次测试耗费了这家杂志社近一百万美元,这在当时可是一笔可观的费用;另一方面,因此次事件使这家杂志预测的可信度大打折扣,读者数量急剧下降,竞选结束后不久,这家杂志就倒闭了。

正如我们在前文中所指出的,哲学认识论根据"个别"与"一般"的思维进程把推理做了"演绎""归纳"与"类比"的三重划分,而从形式逻辑的二重划分看,其中的"类比"也是一种非必然的"归纳"。所谓"类比推理",就是根据两个或两类对象之间在某些属性上相同或相似,推知它们在其他属性上也相同或相似的或然性推理,因而是个别到个别或从一般到一般的"横向"推理。类比推理的逻辑形式是:

---

① 参见何向东主编:《逻辑学教程》,北京:高等教育出版社2004年版,第173—179页。

第三章 归纳求"信":合理置信的底蕴

A 对象有 a、b、c、d 属性(或功能),

B 对象有 a、b、c 属性(或功能),

B 对象也有 d 属性(或功能)。

其中的"对象"既包括个体对象,也包括类对象。

在社会交往中,类比经常被用于一种说服形式。比如,在《战国策·齐策》中记载的"邹忌讽齐王纳谏",邹忌说服齐王广开言路就是运用了类比推理。

邹忌:有人偏爱我,有人惧怕我,有人有求于我,这些人都故意说好话来蒙蔽我。

齐王:有人偏爱您,有人惧怕您,有人有求于您;

所以,这些人都说好话(假话)来蒙蔽您。

在《乐羊子妻》中,乐羊子妻规劝乐羊子安心求学,用的也是类比的方式。乐羊子远寻师学,久行怀思,一年而归。其妻即"断斯织"批评乐羊子弃学"中道而归"。其类比方式如下:

丝织:此织生自蚕茧,成于机杼;一丝而累,而至于寸,累寸不已,遂成丈匹;今若断斯织也,则捐失成功,稽废时日。

积学:学成于积累;夫子积学,当"日知其所亡",以就懿德;若中道而归;

积学:何异断斯织乎(即捐失成功,稽废时日)?

类比也往往被用于反驳和辩护。庄子家贫,到监河侯那里去借粮,监河侯说:"好的,不过要等到秋后我收了租子再借给你三百两银子。"庄子很气愤,说:"昨天在路上我看见一条鲫鱼躺在将要干了的车沟里,求我给它一桶水,我说:好的,我将到南方去看几位国王,请他们开河引西江的水来救你!"鲫鱼气愤地说:"你现在给我一桶水,我就能活命,如果要等到西江水来,恐怕我早就在干鱼摊上了。"庄子是以鲫鱼的生存状况的类比,反驳了监河侯的虚情假意。再如,哥白尼的"地动说"曾遭遇一些人的强烈反对,反对者的最主要理由是所谓的"塔的证据"。反对者说,根据"地动说",地球每天自转一周,地球上任何地点在很短暂的时间内都将运动很大一段距离。如果有一块石头从一座塔顶上落下来,那么在石头下落过程中,由于地球自转的缘故,塔已经离开了原来的位置,因此,下落的石头应该落在距塔基较远的地面上。可是人们看到的情形并非如此。后来,伽利略运用类比成功地解释了这种现象:塔的证据不能成为反对"地动说"的理由。这正如一条匀速航行的船,从桅杆顶上落下一件重物,总是落在桅杆的脚下面而不是落在船尾。17世纪40年代,法国人伽桑狄进行了一次"桅杆顶落石"的试验,结果与伽利略预期的相同,这就为"地动说"提供了有力的辩护。①

  类比的最大优点是直观形象,使本来一些抽象、深奥的道理变得生动、具体,易于被别人理解和接受。但类比推理毕竟是一种或然性的推理,其结论的可靠性程度不高,如果仅仅根据对象间某些表面上情况相同或相似,就推出它们在另外某一情况上也相同或相似,很容易犯"机械类比"的逻辑错误。"东施效颦"就是类比不当的典型案例:美女西施病了,皱着眉头,按着心口,同村的一个丑女东施看见了,觉得很美,也学她的样子,结果却丑得可怕。有的不当类比还可能成为维护教条的工具。比如,有位神学家曾经这样论证地球是太阳系的中心:太阳是被上帝创造出来照亮地球的。这是因为人们总是移动火把去照亮房子,而不是移动房子去被火把照亮。因而只能是太阳绕着地

---

① 参见伽利略:《关于托勒密和哥白尼两大世界体系的对话》,周煦良等译,北京:北京大学出版社2006年版。

第三章 归纳求"信":合理置信的底蕴

球旋转,而不是地球绕着太阳旋转。"人们移动火把去照亮房子"与"太阳绕着地球旋转"之间有着本质属性上的差别。如果不能发现类比对象之间的本质差异,盲目地进行类比,就会误导思维,将认识引入歧途。这是不当类比的负面影响,而这样的影响所造成的社会后果有的是严重的。

就中国传统思维方式而言,整体性、模糊性是其重要特点,而中国传统思维之所以是整体性和模糊性的,是与以类比和比喻(使用类比的一种特殊修辞方式)的思维方法为主体的特点分不开的。这类思维以浅喻深,寓理于形,便于体悟和理解。但是,严格地说,类比论证只能用于以说服人为目的的一般议论文或杂文的写作,不能单独用来证明严密的科学定理和严肃的社会命题。傅斯年早年曾经这样批评过中国学者的传统思维方式:"中国学者之言,联想多而思想少,想象多而实验少,比喻多而推理少。持论之时,合于三段论法者绝鲜,出之于比喻者转繁。比喻之在中国,自成一种推理式。如曰'天无二日,民无二主',前词为前提,后词为结论,比喻乃其前提,心中所欲言为其结论。天之二日与民之二王,有何关系?"①把类似性相差甚远或不具有类似性的事物加以类比容易犯"机械类比"的谬误。例如,孟子说:"人性之善也,犹水之下也。人无有不善,犹水无有不下。"有学者指出,人性与水相比,或者人性的向善与水流方向相比,实在是太不相干和太缺少证据了。难道水向下流,人性就向下;水向东流人性就向东,水向西流人性就向西吗?可见,要论证人性本善或向善,上面的论证是难以"置信"的。通过逻辑或排列,我们可以很容易将人性的善恶划分为以下四种:(1)人性本善;(2)人性本恶;(3)人性无善无恶;(4)人性有善有恶。甚至可以更详细地区分为,人性有 1/2 善、1/2 恶、3/4 善

---

① 傅斯年:《中国学术思想之基本误谬》,载《新青年》1918年4月第4卷。

与 1/4 的恶等。但要得出人性本善的结论还需要各种论证,否则就太独断了。

2. 直觉与合理

亚里士多德在初步探讨归纳推理的逻辑问题时,主要讨论了"简单枚举归纳"和"直觉归纳"。亚里士多德并非不懂得简单枚举的"脆弱"性,所以他更青睐能够用心灵之"眼""看出"事物本质的"直觉归纳"。"直觉归纳"所说的"直觉",指的是"理性直觉"。"直觉归纳法就是一种从感性知觉上升到理性直觉,从特殊到普遍的方法。'理性直觉'是'科学知识的初始根源'。通过理性知觉就可以掌握初始的基本前提,即作为证明根据的一般原理。感性知觉是直觉归纳法的基础。任何一种感官的丧失会引起知识的相当部分的丧失,感性知觉适宜于掌握特殊,直觉归纳法进一步掌握普遍,提供关于感性知觉的科学知识,'没有感性知觉,我们也就不可能用归纳法去获得科学知识'。"[①]

亚里士多德当时没有也不可能说明这种"直觉归纳"的逻辑机理,而只是从认识论上努力论证它的存在。亚里士多德的讨论通俗有趣,我们不妨做一点引证。在《后分析篇》结尾,亚里士多德描绘了从感性知觉获得一般原理的认识过程:

> 这些(直觉归纳)能力既不是以确定的形式天生的,也不是从其他更高层知识的能力中产生的,它们从感官知觉中产生。比如在战斗中溃退时,只要有一个人站住了,就会有第二个人站住,直到恢复原来的阵形。灵魂就是这样构成的,因而它能够进行同样

[①] 张家龙主编:《逻辑学思想史》,第 542—543 页。其中单引号中的文字均引自亚里士多德的《后分析篇》。

第三章 归纳求"信":合理置信的底蕴

的历程。让我们把刚才说得不精确的话重复一遍。只要有一个特殊的知觉对象"站住了",那么灵魂中便出现了最初的普遍(因为虽然我们所知觉到的是特殊事物,但知觉活动却涉及普遍,例如"人",而不是一个人,如加利亚斯)。然后另一个特殊的知觉对象又在这些最初的普遍中"站住了"。这个过程不会停止,直到不可分割的类,或终极普遍的产生。例如,从动物的一个特殊种导向动物的类,如此等等。很显然,我们必须通过归纳获得最初前提的知识。因为这也是我们通过感官知觉获得普遍概念的方法。

我们在追求真理的理智运用的能力中,有些始终是真实的,另一些则可能是错误的,例如意见和计算,而科学知识和直觉是始终真实的。除了直觉之外,没有其他类知识比科学知识更为精确。基本前提比证明更为无知,而且一切科学知识都涉及根据。由此可以看出,没有关于基本前提的科学知识。除了直觉之外,没有比科学知识更为正确的知识,所以把握基本前提的必定是直觉。……由于除科学知识外,我们不拥有其他的官能,因而这种知识的出发点必定是直觉。①

亚里士多德这里所谓"科学知识",是指在科学系统中被间接推出的知识,而"直觉归纳"则主要用来形成系统中不能给予这样的推知的"公理"或"共识"。亚里士多德运用一个比喻式类比说明了他所理解的从感性知觉到理性直觉的过程,但如前所述,类比论证是无法单独起到"证明"性辩护作用的,这种似乎具有"一步即成"性的"直觉归纳"的逻辑机理仍处于"神秘"之中。正由于它的这种神秘性,在探求因果联系的方法确立后,传统归纳逻辑就将"直觉归纳"摒除出了归纳逻辑

---

① 亚里士多德:《后分析篇》,余纪元译,载《亚里士多德全集》第1卷,第348—349页。其中将原译"理会"改为"直觉"。

的畛域。

然而,正是针对传统归纳逻辑,休谟曾经一针见血地指出,它们所研究的"归纳推理"在本质上都是人们心理上的习惯性联想——虽然我们能观察到一件事物随着另一件事物而来,但我们并不能观察到任何两件事物之间的关联。那些所谓的因果关系,不过是我们期待一件事物伴随另一件事物而来的想法罢了。就是说,它们所表现出来的现象并非是事物之间的客观的因果关系。休谟的断言过于绝对,他彻底否定了客观因果性的存在,所以陷入了不可知论的陷阱。但是,传统归纳能够必然地揭示客观因果性吗?显然无法对此做出严格论证。那么,传统归纳乃至概率归纳的合理性又在哪儿呢?其实,它们与人们的直觉合理性之间是存在着密切的关联的。人们之所以信赖归纳法,是因为人们不可能彻底否定自己的直觉,而直觉观念的形成与每个人自身的生活经验又联系在一起,正是在生活经验不断积累的基础上,人们才有可能形成亚里士多德意义上的"直觉归纳"。换言之,"直觉归纳"实际上是人类长期经验积累的"凝结"。

直到本书导言所阐释的现代"科学逻辑"研究,"直觉归纳"的逻辑机理才得到了相对清晰的阐明:揭示出了内蕴于人类经验的直觉"凝结"背后的逻辑因素("演绎""归纳"乃至"辩证")的作用机理,以及逻辑因素与非逻辑因素的相互作用机理。"一般说来,对于直觉有两种错误的看法:一种是否定直觉的作用;另一种是把直觉神秘化。这两种看法实际上都是把认识过程简单化,孤立地、片面地看待发现过程的结果。科学发现逻辑的重要课题之一,就是要探讨直觉的随机性与合理性的统一问题。""直觉的发生过程及随后对其推理的展开都是离不开运用逻辑思维手段的。直觉绝不是非逻辑的、无理性的。自然,直觉也有非逻辑因素的作用。正是由于那些非逻辑因素的作用,而使直觉表现出机遇性来。可是,直觉的逻辑因素是更重要的。"①依据这种认识,我们就可以通过逻辑分析去区分合理直觉与不合理直觉。对于科学领域的直觉是如此,对于社会生活领域的直觉也是如此。

我们经常就某某事情处理得公平与否发表评说,不同的人往往有不同的评判,这是因为不同的人有自己不同的公平直觉和公平观念。比如,A、B两人一同出游,A带了3个饼,B带了5个饼。一游人C与他们共同进餐后,给了他们8个金币。现在A与B就怎么公平地分配这8个金币产生了分歧。A的意见是:4∶4。中国社会延传的分配潜规则是"上山打虎,人见一股""路上捡钱,见者一半",况且还是他和B共同招待了C。B的意见是:3∶5。他的理由是"按劳分配,多劳多得",按贡献大小分配才是公平的分配原则,既然他带了5个饼子,就应该得到贡献5个饼子的回报。那么,究竟如何分配这8个金币才是真正的公平呢?有人作了这样的理性分析:三个人每人吃饼的总量的8/3。这样,A的贡献量是3－8/3＝1/3。B的贡献量是5－8/3＝7/3。所以,1∶7的分配方案才是真正的公平分配,即A得1个金币,B得7个金币。这个结果与A与B原先给出的结果相差甚远,这是因为A、B的方案都是建立在各自的直觉的基础上,而不是建立在逻辑分析的合理性基础上。

在日常生活中,何谓"公平"、如何"公平"这个带有经验归纳意义的概念常常引起争论,争论的一个重要原因就是对"公平"的误解。中国社会一直有一种将"公平"等同于无差别的"平均主义"思想。想一想陈胜、吴广起义的号召——"王侯将相,宁有种乎?""苟富贵、勿相忘",就是以打平均主义的旗帜得到人们认同的;到了太平天国起事时,不仅是口号,就是其法规制度都处处透露着素朴平均主义的色彩。

---

① 张巨青主编:《科学逻辑》,长春:吉林人民出版社1984年版,第52—53页。

它所提出的口号是"天下一家,共享太平"。在攻克南京后颁布的《天朝田亩制度》,其主旨是"天下人人不受私,物物归上主","有田同耕,有饭同食,有衣同穿,有钱同使,无处不平均,无人不饱暖"。这种基于素朴直觉的"公平",其实是一种理想的"平均主义",而这样的平均主义不是成为一种乌托邦式的幻想,就是对现实社会生产力的极大破坏。据一份报道说,"文革"结束后不久,安徽省肥西县有些村子重新恢复承包到户的生产体制,为了求得"公平",曾将生产队的土地、房屋、农具、种子……分个精光。无法分割的一只泥盆,摔得粉碎;一块玻璃,落地开花;一条水牛,塞个雷管,炸个血肉横飞;一枚公章,两刀剁成四半,四个人手里一人逮一个1/4,谁要用公章,一定得这四个1/4公章凑在一起。如此一来,谁都有了权,谁也瞒不了谁,谁也管不了谁……① 2008年6月份,受澳门为市民发红利的做法启发,广东东莞政府部门打算给市民发放补贴,以减轻CPI(consumer price index,消费物价指数,日用品价格指数)上涨给市民生活质量造成的影响,这被称为"临时生活补贴"。政府规定的补贴范围是七类人群,即低保对象、五保户、非低保对象的优抚对象、非低保对象的一至四级残疾人、弃婴、已治愈的麻风病人和低保边缘户(即家庭人均收入为401~600元的人员),发放标准为每人1000元。不料一些非贫困户闻知此事,愤愤难平,理直气壮地到有关部门索要"红包",有的人竟然开着私家车去讨要"红包",理由是"吃早茶钱都不够了"。在靠近深圳的一些城镇,还发生了为争红包而导致纠纷甚至打架闹事等治安事件。

  在现实生活中,我们有许多带有概率归纳性的判断,这些判断大多建立在直觉的基础上的。如果经过理性的逻辑分析,便不难发现其中的不合理性。

---

① 宁远:《共和国不相信眼泪:改革内幕》,北京:团结出版社1993年版,第186页。

第三章 归纳求"信":合理置信的底蕴

其一,很多人认为,"男司机一定比女司机更为拙劣"。因为60％的开车肇事者都是男司机。持这种观点的人忽视了男司机与女司机之间基数的差异,只看到了男女司机驾车肇事的比率。

其二,"实行了教师的岗位津贴,我们的工资一下子增长了30％,而公务员的工资只增长了15％"。这种"乐观"是建立在不追问公务员工资基数是多少上的。

其三,对旅游业旅游人数的统计历来就是一个有分歧的问题,特别是在中国社会注重休闲之后,"黄金周"的旅游报道更是让人疑窦丛生。比如,一个景点有一人游览,而全市有这样的景点5个到6个,于是游览人数便为5人次至6人次;而如果从住宿人数方面加以统计,水分就相对少了许多。某市某年的国庆黄金周的旅游统计,采用了两个路径,结果是大相径庭,一种结果是超过往年25％,另一种结果则减少了25％,人们到底该信谁的?

其四,尽管是航空业萧条的时期,各家航空公司也没有节省广告宣传的开支。翻开许多城市的晚报,最近一直都在连续刊登如下广告:飞机远比汽车安全!你不要被空难的夸张报道吓破了胆,根据航空业协会的统计,飞机每飞行1亿千米死1人,而汽车每走5000万千米死1人。汽车工业协会对这个广告大为恼火,他们通过电视公布了另外一个数字:飞机每20万飞行小时死1人,而汽车每200万行驶小时死1人……

其五,英国戴安娜王妃因车祸身亡后,法国一家报纸说:"这一天是全世界男人都感到伤心的日子。"该报记者在巴黎街头对350名成年男子(其中包括100名外国游客)进行随机调查,在被问及为何对戴妃的遇难感到震惊的问题选项中,有309人选"因为她高尚人格",237人选"因为她绝世美貌",只有27人选"因为她曾经是王室成员"。该报由此得出结论说:戴安娜王妃在近90％的男人心目中是人格高尚的

走近"逻先生"——逻辑、社会与人生

女人。

正如黑格所说:"尽管人类对于概率有非常好的直觉,多数人对概率的理解是不充分的。最显著的问题有两个:其一,某些事件发生的概率值极低,如何定量地分析这些很小的概率值之间的差别?比较两个判断。A:事件 a 发生的概率为 1/1 000;B:事件 a 发生的概率为 1/1 000 000。通常人们以为这两句话的意义是一样的,都是说事件 a 发生的可能性很小。事实上,这两个概率值是不同的,前者是后者的 1 000 倍;其二,面对具体的判断时,如何避免错误的信息的干扰?一个小例子:我给你一张美女照片,你的任务是猜测此人的职业:模特还是职员?很多人会猜前者。实际上,模特的数量比职员的数量少得多,所以,从概率上说这种判断是不明智的……在很多场合,这些粗糙的判断是简单有效的;也有很多场合,除非经过缜密的分析和精确的计算,你的结论会错得离谱。假设你作为陪审团的一名成员出庭,被告被指控犯有谋杀(或绑架)罪。法庭掌握了一些事实。如果被告是无辜的,则这些事实发生的概率为 100 万分之一。有些人可能认为这个判断等同于'在这些事实已发生的前提下,'被告是无辜的'的概率为 100 万分之一。'大错特错!请比较以下两个判断:'珍妮在下雨天遗忘外套的概率为 1‰',以及'在珍妮遗忘外套的时候正在下雨的概率为 1‰'。二者的含义显然不同。"①区别并把握这种概率差异的不同之处,其关键在于,需要我们重视并运用逻辑理性的细致分析。

3. 信度与确证

有一个关于火鸡的故事,说的是一位猎人捕获了一只火鸡。刚被

---

① 黑格:《机会的数学原理》,李大强译,前言第 1—2 页。

捕获那会儿,那只火鸡感到死期已到,恐惧不已。没想到,那位猎人并没有当即杀死它,而是把它关在笼子里养了起来。这只火鸡发现,第一天,一阵铃响之后,那猎人给它带来了可口的食物。然而,作为一个卓越的归纳主义者,它并没有马上作出结论,而是继续关注猎人与铃响之间的联系,不断地观察事实,而且,它还特别注意在多种情景下的变化情况:雨天和晴天,热天和冷天,早上与晚上……每天都在自己的记录中加入新的观察陈述。最后,它满怀信心地得出了这样的结论:猎人不仅不会杀死它,而且每次铃响之后,猎人都会给它带来可口的食物。于是,这只火鸡从极度恐惧中缓过神来,心安理得地住在笼子里享受美食。可是,事情并不像它想得那样简单和乐观。在圣诞节前夕,当猎人打响铃子,在它正引颈待食之际,被猎人抓住了颈子,经过一番宰杀、清洗、烹调,它成了猎人桌子上的美食。火鸡深信不疑的结论,被事实无情地推翻了。

与演绎推理不同,归纳推理只能在一定程度上保证,依据真前提能够得到有一定程度可靠性的结论。归纳的可靠性并不完全是由推理的形式来决定,而是取决于一系列相关条件。对这些相关条件的理解,往往影响着归纳者对结论的信赖程度,亦即信度。这里的信度,既包括归纳者也包括归纳的受众对归纳结论之真的信赖程度。如果我们分别用1和0表示真和假,那么1和0这种极限情形应该是演绎推理得出的结论,是必然性的真或假。归纳推理的取值应该是1和0之间的值。一般地说,归纳者或归纳受众认为,归纳结论之真的可能大于50%,就是属于可信的范围;如果是逼近100%,那就是"归纳超强"的。反之,如果归纳的结论为真的程度低于50%,那将是不可信的。所以,归纳结论的真值,并不是与归纳主体和归纳受众无关的纯客观的逻辑值,而是与归纳主体和归纳受众对归纳的条件和关系的主观判定有关。

世界上的很多"谜团",之所以吸引着许多感兴趣的人,是与那些人对"谜"的现象的采信程度有关的。尼斯湖怪之谜在世界众多谜团中具有非同一般的地位。尼斯湖是位于英国苏格兰的一个大湖,早在一千多年前,就有记载说那里有怪兽杀了人。到现在已有好几千人声称亲眼见到尼斯湖怪。闹得最凶的是1933年,当时英国伦敦一家马戏团的老板高价悬赏捕捉尼斯湖怪,引起了广泛关注。1934年,有人公布了一张抢拍到的尼斯湖怪的照片,更加引起轰动。这张照片虽然不是很清晰,但还是显示出了人们心目中湖怪的形象:长长的脖子和扁小的头部露出湖面,很像是一种早在七千多万年前就已灭绝的蛇颈龙。因为这张照片,尼斯湖怪名扬全球,给当地带来了非常可观的旅游收入,据说累计达二百多亿美元,并引发了多次科学考察活动。科学家动用了先进的探测设备,意图捕捉湖怪的踪迹。但结果却是一无所获。人们对尼斯湖怪究竟是什么,提出了很多种推测,最多的一种说法是:它可能是一种在其他地方已经灭绝的史前动物。1994年3月,尼斯湖怪的名声受到了重大打击。一个名叫斯伯灵的90岁老人临终忏悔,供出了那张著名照片上的湖怪是他和其他四人用玩具潜水艇和塑料制作的。

在现代科学的时代,人们对打上了"科学"标号的东西采信度都较高。四川汶川大地震后,人们对地震原因或诱因提出过种种猜想,如下便是广东天文学会专家给出的分析:2008年5月12日汶川发生的大地震,其日期与时间可能与天文因素有关。大地震日期恰好发生在上弦(农历四月初八)。这天,上弦时刻出现在中午11时47分。上弦时,太阳、地球和月球排列成一个直角三角形;从地球上看,太阳和月球的角度恰好等于90度。上弦这天,有来自两个不同方向的引潮力对地球施加影响。历史上,一些大地震都是出现在上弦或下弦的前后。比如,震幅达里氏9.1级的美国阿拉斯加大地震,发生在1957年

第三章 归纳求"信":合理置信的底蕴

3月9日(农历二月初八),这天恰好是上弦;震幅达里氏8.8级的南美洲厄瓜多尔大地震,发生在1906年1月31日(农历正月初七),次日为上弦;震幅达里氏8级的我国甘肃古浪大地震,出现在1927年5月23日(农历四月廿三),次日为下弦;震幅达里氏7.3级的我国辽宁省海城县大地震,出现在1975年2月4日(农历十二月廿四),下弦为2月3日。这次汶川大地震的时刻,恰好出现在太阳、月球、地球3个天体处于同一个平面上。在平时,月球与太阳、地球的运行不是处于同一个平面,而是有一个5度多的夹角。当3个天体处于同一个平面上,可能对地球地壳的某些板块产生特殊的共振影响。此外,汶川大地震前夕,月球和太阳位于同一条纬线上。5月11日,太阳位于天空北纬18度,而月亮由北往南掠过北纬18度。也就是说,5月11日有一瞬间,太阳和月球位于同一条纬线(北纬18度)上。日月两天体位于天空同一条纬线上,这种合力可能对地球上的地震起到了引发作用。地震的地点和强度主要来自地球的内部,而地震的时间可能受地球外天体的引潮力及辐射和磁场等外因影响。当太阳、月球和地球在空间的排列状况处于特殊的位置时,月球和太阳对地球的合力将会出现一个临界点或转折点,这时就有可能触发地震,这是地震的天文外因。①

如果是一个"草根科学家",即便他所"研究"的就是科学理论本身的问题,对其断言,人们对他所得结论的采信程度又会如何呢?对于天津市宝坻区大口屯镇一个残疾农民的研究成果,你会采信吗?这位狂热的科学爱好者,在亲人、朋友的竭力反对下狂热地投身于基础理论物理的钻研,宣称"已经证明出,从牛顿第一、二、三定律到爱因斯坦的相对论都有错!"他不无得意地说:"牛顿第一定律说'惯性是匀速直

---

① 参见苏稻香,李建基:《专家称汶川地震恐涉及天文因素,应注意潮汐影响》,载《南方日报》2008年5月30日。

线运动'，我觉得牛顿说错了，其实'惯性是匀速圆周运动'！"①

基于自己的信念，不同的归纳者都会对自己归纳的结论持有较高的信赖程度，但归纳结论的可信程度究竟如何，最终是要接受实践的检验、验证、印证和否证的。检验是指对一个陈述、命题或理论通过经验观察、实验判断其是否符合经验事实。如果检验结果发现一个语句或命题符合经验事实，则称此陈述被检验为真。如果不符合事实，则称此陈述被否证或者说是被检验为假。一般来说，归纳得出的单称命题比较容易通过经验观察检验为真，也比较容易否证。比如，"这是一朵红玫瑰"，"张三被李四打死了"。对于这样的命题，只要亲自检验，就会知道它们是真还是假。然而，对于普遍命题或语句却无法通过经验方式检验其是否为真，但只要找到一个例外，就可以加以否证。例如，"所有人都有善心"。我们无法通过经验去检验过去、未来甚至现实中的每个人是否有"善心"，只要有一个人不具有善心，我们就可以否证上述命题。但是，如果我们观察到张三、李四、王五、赵六、刘七、李八……有善心，我们就会感觉到上述普遍命题似乎更"真"或"有些真"。

从普遍命题或普遍理论中，我们可以导出一些可观察的命题，而这些命题通过经验验证为真时，则我们称这些可观察命题印证了此普遍命题、普遍陈述或普遍理论，印证的陈述越多，则称此普遍命题的可印证性程度越高。当一个理论或一个命题可印证性程度越高，则我们在心理上会因此而认为，这个命题或理论的"可靠性""真实度""可信度""可接受性"越增强，也就越是有信心、有勇气将其加以应用。当然，这种应用也是试探性的，不是绝对可靠的。

关于归纳结论的检验问题，英国哲学家波普尔认为，"美德并不在

---

① 胡春艳：《残疾农民自称已证明牛顿定律和相对论有错》，载《北京晚报》2008年2月13日。

于小心谨慎地避免犯错误",越大胆的假说提供的信息越丰富,可证伪性也就越高。证伪主义者在极力推崇证伪的同时,他们也慢慢发现:如果给被证伪的假说加上一些辅助假说,或者对其术语重新加以解释,那么任何试验结果都无法去证伪一个理论。比如"鸟都有羽毛",如果发现了一只没有长羽毛的鸟,这个假说就被证伪了。为了挽救这个假说,加上个辅助假说变成"除了那只秃鸟,其他的鸟都有羽毛"。这样的修改没有导致新的可检验的推论,而且可证伪性降低了,这是增加了不能允许的特设性辅助假说。如果换个辅助假说,比如说,"除了生了某种病的鸟,其他的鸟都有羽毛",这个假说就能导致新的可检验的推论,可以用医学、生物学方法检验这只鸟没有羽毛的原因。这样就提供了更为丰富的信息,增强了可证伪性。这个辅助假说就是可以允许的,不是特设性的,也是被证伪主义者所能够接受和提倡的。

4. 多数与民主

尽管休谟对归纳推理的有效性提出了致命性挑战,但人们对归纳推理的使用热情并没有因此而全部熄灭,因为这种推理方式和思维方法还是有它的认知作用的。

首先,它是概括实践经验的重要手段。"冬旱夏淋""早霞阴,晚霞晴""满招损、谦受益""八月十五云遮月,正月十五雪打灯"等农谚,就是通过不完全归纳推理的方式得来的,在预测气象手段不发达的时代,这样的经验总结对于实践活动的指导具有不可替代的价值。鲁迅先生在讲述人的"经验"的作用时曾经说过:大约古人一有病,最初只好这样尝一点,那样尝一点,吃了毒的就死,吃了不相干的就无效,有的竟吃对症了,就好起来。于是,知道这是对应某一种病痛的药。这样地累积下去,乃有草创的记录,后来,渐成为庞大的书,如《本草纲目》。

其次,它是初步发现客观规律以及提出这些规律的假说的重要手段。比如,哥德巴赫猜想:每个不小于6的偶数都是两个素数之和,也是运用简单枚举归纳方法提出来的。

此外,在语言表达中,它还能够发挥辅助性论证或说明的作用。有一篇《恰到好处》的短文,是这样论证的:"睡觉过多就可能变成懒汉;劳动过累就要妨害健康;健康过于注意就会造成精神负担,反而会把身体搞坏;所以,凡事过了头,都反而会把好事变成坏事。所以,任何事情都要做到恰到好处。"这种有事实依据的论证,还是有一定说服力的。

但是,归纳推理毕竟不是必然性推理,而是或然性推理。从有限的经验中归纳得出的普遍性结论,由"部分"推展到"全部"的推理方式,并不能保证结论一定为真。《警世通言》中有一篇《王安石三难苏学士》的文章。文中写道:苏东坡去看望宰相王安石。恰好王安石出去了,苏东坡看到王安石才写了开头两句的一首咏菊诗稿:"西风昨夜过园林,吹落黄花满地金。"苏东坡想:"西风"就是秋风,"黄花"就是菊花。菊花敢与秋霜斗,怎么会被秋风吹落呢?随即续诗:"秋花不比春花落,说与诗人仔细吟。"后来,苏东坡到黄州任团练副使,见秋风过后,菊花纷纷落瓣,满地铺金,方知自己错了。

为了提升归纳推理的可靠性程度,人们采用的策略是尽可能多地考察前提对象。逻辑学家们相信,考察前提的对象越多,结论的可靠性程度就越高。这种思维方式为社会政治生活领域的民主原则提供了逻辑依据。民主的对立面是专制,专制往往是少数统治者按照自己的意愿对多数被统治者进行强制性"治理"。而民主制度就是在行使权力、决定问题时要体现大多数人的意志和利益。换句话说,在行使权力和决定问题时,之所以要实行少数服从多数的原则,就是始终要体现大多数人的意志和利益。之所以是"大多数",这是非常有简单枚举归纳推理"求真"的意味的——考察的前提数量越多,得出"真"结论的可靠性就越大。但这里有一个问题可能被人们忽略了,那就是:即便是大多数人都发自内心赞同的意见,也未必是"真理"。正如政治学家萨托利(G. Sartori)所指出的,民主决策中的简单多数原则是"一个摆脱了质量特征的数量标准","多数的权利并不等于多数'正确'","数量产生的是势力,不是权利。多数是一个量,量不能形成质"[①]。有的时候,真理往往掌握在少数人的手里,少数服从多数的原则,恰恰可能成为压制少数人表达真理性意见的理由,造成有违求真初衷的"多数人的暴政"的不当局面。

翻开历史书,我们不难知道这样的史实,公元前6世纪,在民主的发源地——古希腊城邦雅典,一个名叫克利斯梯尼的政治家发明了一种据说是人类历史上最早的民主制度——"贝壳放逐法"。所谓"贝壳放逐法",就是雅典人为了对付某个破坏民主、实施专制的独裁者而召开公民大会,对其进行投票(因用贝壳投票而得名,后来改用陶片)。如果这个人得票超过6000,那么,不管你有没有错,立即将其驱逐出雅典,去外面呆上10年才能回来。这种惩罚制度有点类似中国古代的流放,当然二者性质截然不同,前者是由公民大会的集体投票决定的,后者是专制君主依据个人意志决定的。然而,在"贝壳放逐法"这座祭坛上,固然有独裁者的鲜血,也飘荡着无辜者的冤魂。在古希腊历史上,曾经有多位优秀的政治家、军事家因"贝壳放逐法"而被流放,客死他乡。比如,以廉洁、正直而著称的马拉松战役英雄亚利斯泰提,就曾被贪婪、腐败的地米斯托克利以"企图独裁"的罪名提交公民大会审判。而作为西方文化奠基人的苏格拉底,也是冤屈地成为这种简单的

---

① 萨托利:《民主新论》,北京:东方出版社1998年版,第154—155页。

多数人民主制度的牺牲品。

苏格拉底生活在雅典民主制面临危机的时代,是古希腊哲学探索中的转向性人物。雅典民主制的弱点在伯罗奔尼撒战争中被充分暴露。公元前406年,雅典海军在阿吉牛西之役大败斯巴达人。政客却以阵亡将士尸首未能及时收回为由,对10名海军将领提出诉讼。公民大会判处其中9人死刑。苏格拉底担任了这次大会的轮执主席。他认为,审判不合法,故而投了反对票,并因此而得罪了民主派。公元前404年,战败的雅典人被迫接受寡头制,苏格拉底的学生克里底亚是执政的三十寡头的核心人物。苏格拉底对他们的暴力统治深感不满。寡头们命令苏格拉底去逮捕政敌,他甘冒受极刑的危险也不愿参加他们的活动。然而,民主制复辟之后,苏格拉底却被视为民主派的政敌。公元前399年,一个叫莫勒图斯①的年轻人在雅典状告苏格拉底,说他不信城邦诸神,引进新的精灵之事,败坏青年,即被控以"亵渎神明"和"腐化青年"两条罪名。按照当时的规矩,在被控为有罪之后,有几种脱罪的办法,其一,可以为自己辩护,但辩护不能成为否定民主审判的理由,而是在"坦白从宽,抗拒从严"的背景下减免自己的罪过。其二,认交罚款以减免罪罚。其三,在被判罪收监后,通过贿赂的方式逃脱。苏格拉底选择了为自己辩护。

苏格拉底说,雅典的人啊,我不知道你们为什么会相信那些控告我的人的话。我知道,很早之前他们就开始攻击我,把我描绘成一个自称天上地下无所不知的智者,说我是到处蛊惑人心,靠诡辩过日子的人。我告诉你们,这是不公正的。他申辩道:"公民们!我尊敬你们,我爱你们,但是我宁愿听从神,而不听从你们;只要一息尚存,我永

---

① 苏格拉底在这篇《申辩》中提到的莫勒图斯(Meletos)和安虞铎(Anytos)都是苏格拉底案件的原告。控告苏格拉底的共有三个人,他们是莫勒图斯(悲剧诗人)、安虞铎(工商业主)和吕康(修辞家)。

不停止哲学的实践,要继续教导、劝勉我所遇到的每一个人,仍旧像惯常那样对他说:'朋友,你是伟大、强盛、以智慧著称的城邦雅典的公民,像你这样只图名利,不关心智慧和真理,不求改善自己的灵魂,难道不觉得羞耻吗?'……要知道,我这样做是执行神的命令;我相信,我这样事神是我们国家最大的好事。……如果它败坏青年,那我就是坏人。……公民们!我现在并不是像你们所想的那样,要为自己辩护,而是为了你们,不让你们由于定我的罪而对神犯罪,错误地对待神赐给你们的恩典。你们如果杀了我,是不容易找到另外一个人继承我的事业的。我这个人,打个不恰当的比喻说,是一只牛虻,是神赐给这个国家的;这个国家好比一匹硕大的骏马,可是由于太大,行动迟缓不灵,需要一只牛虻叮叮它,使它的精神焕发起来。我就是神赐给这个国家的牛虻,随时随地紧跟着你们,鼓励你们,说服你们,责备你们。朋友们,我这样的人是不容易找到的,我劝你们听我的话,让我活着。很可能你们很恼火,就像一个人正在打盹,被人叫醒了一样,宁愿听安虞铎的话,把这只牛虻踩死。这样,你们以后就可以放心大睡了,除非神关怀你们,再给你们派来另外一只牛虻。我说我是神赐给这个国家的,绝非虚语,你们可以想想:我这些年来不营私业,不顾饥寒,却为你们的幸福终日奔波,一个一个的访问你们,如父如兄地敦促你们关心美德——这难道是出于人的私意吗?如果我这样做是为了获利,如果我的劝勉得到了报酬,我的所作所为就是别有用心的。可是现在你们可以看得出,连我的控告者们,尽管厚颜无耻,也不敢说我勒索过钱财,收受过报酬。那是毫无证据的。而我倒有充分的证据说明我的话句句真实,那就是我的贫寒。"[①]尽管苏格拉底在500人组成的陪审团面前作了有理有据的著名申辩,但有理的申辩却并没有挽救得了苏格

---

① 北京大学哲学系外国哲学史教研室:《西方哲学原著选读》(上卷),北京:商务印书馆1984年版,第68—70页。

拉底的性命。陪审团在没有进一步核实事实的情况下投票表决,其结果以 278 票赞成苏格拉底有罪,221 票反对苏格拉底有罪,在少数服从多数的原则下,判处苏格拉底死刑。

如果民主只遵循大多数原则,"多数暴力"可能通过多数表决的方式变成现实。有些人总是误认为,一个社会的民主特征就是通过各种方式的表决,而且一定是少数服从多数。这种想法忽略了下面两种民主精神:第一,多数必须尊重少数。正如人们曾经说过的:真理有时在少数人手里。这就是要求我们必须尊重少数人的意见。第二,即使一个人知道多数必须尊重少数,但往往又不知道如何做才算是真正的尊重少数。这里的"尊重"的含义是:在结论表决之前,需要经过认真的和多种不同角度的讨论和论证,唯有如此才能真正实现民主;相反,仅就结论是否通过进行多数表决,就会形成诉诸群众或诉诸多数人暴力的谬误。因此,要尊重少数,就必须让少数人有充分表达观点、阐述理由的机会,自由地、公开地让他们发表言论,表达即便是部分的真理;只有同时兼顾多数人和少数人的意见,形成涵盖范围更大的部分真理,或者说通过兼顾少数人的利益,以形成兼顾更大多数人的利益,才是民主的本义。①

"多数暴力"得以形成的另一种途径就是不断重复。尽管"重复"不增加多少新的内容,没有质的变化,但"重复"毕竟是在增加归纳的前提数量。在一些人的观念中,"重复就是真理",某个(些)假论点或陈述重复地被断言、被宣称,久而久之就会被人们认为是真的。这是简单枚举归纳推理的思维惯性使然——既然拥有大量重复性前提,其结论可能就是真的。所以,不断地"重复"可能给少数人造成心理压力,从而屈服于多数人,构成另一种形式的多数暴力。贤德的曾子的

---

① 参见杨士毅:《逻辑与人生》,富育兰编,哈尔滨:黑龙江教育出版社 1989 年版,第 161—167 页。

第三章 归纳求"信":合理置信的底蕴

母亲,就是被这种多数暴力压垮的。

曾子是一个有名的孝子。有一天,曾子要离开家乡到齐国去。他告别母亲说:"我要到齐国去,望母亲在家里多保重身体,我一办完公事就回来。"母亲对他说:"我儿各方面要多加小心,说话做事,千万注意,不要违犯人家齐国的规章制度。"曾子到齐国不久,齐国有个和他同名同姓的人,打架斗殴杀死了人,被官府抓了起来。曾子的一个同乡听到这个消息,也不问清楚,就跑去告诉曾子的母亲:"了不得啦,曾子在齐国杀死人了!"曾子的母亲听了这个消息,不慌不忙地回答说:"不可能,我的儿子是干不出这等事来的。"那位同乡也是听来的消息,听曾母这么一说,也拿不出什么根据,便半信半疑地走了。过了不大一会儿,又有一位邻居跑来,慌慌张张对她说:"曾子撞下大乱子了,他在齐国杀了人啦。"曾母仍然没有丝毫惊慌的样子,一面织布,一面说:"不要听信谣言,曾子是不会杀人的,你放心吧。"那人很认真地说:"哪里是谣言,他明明成了杀人犯,已被齐国官府抓起来了!"曾子的母亲还是照样织自己的布,头也不抬地说:"我知道自己的孩子,他不可能闯这么大的乱子。"这个报告消息的人还没有走,门外又来了一个人,他还没进门,就大呼小叫地嚷道:"曾子杀人了,你老人家快躲一躲吧!"曾子的母亲见一连三个人来报告这可怕的消息,有些沉不住气了。她想道:"三个人都这么说,恐怕城里的人都嚷嚷开这件事啦,要是人家都嚷嚷,那么,曾子一定是真的杀人了。"她越想越怕,耳朵里好似已听到街上哄哄吵吵,"官府来抓杀人犯的母亲啦……"。于是,她慌忙扔下手中的梭子,在那两位邻居帮助下,从后院逃跑了。

以曾子的一贯品德和慈母对儿子的了解和信任,"曾参杀了人"的说法在曾母面前理应是没有市场的。然而,即使是一些不确实的说法,说的人多了,也有可能"三人成虎",使得"多数暴力"得以形成,最终动摇了一位慈母对自己贤德的儿子的信任。

网络话语之"人肉搜索"是"多数暴力"的一种当代形式。给人以思想极大自由空间的互联网,同时也正在成为"多数人的暴政"的工具。人们发现,在互联网上"没人知道你是一条狗"的年代已经过去了,只要你被人盯上,短时间之内,你的所有资料将在网上公布,你的所有生活细节将一览无余。回首这几年的网络大事件,"多数暴政"的现象不时地发生在我们的身边。其一,2006年4月的"踩猫事件"。网民们依靠视频截图中出现的大桥,认出了视频拍摄地点是黑龙江萝北县,并迅速挖出了踩猫者,一位离婚的中年护士。尽管这位中年护士并没有触犯法律,但该护士所属单位仍然将她解职了。其二,2007年4月的"钱军打人"事件,是"猫扑"人肉引擎第一次发挥巨大威力,几个小时之内,殴打老人者——钱军及其妻子的电话号码、身份证号码、家庭住址、工作单位、孩子上学的学校等个人隐私信息全部被曝光,有人甚至发短信给他的妻子,声称要弄死他们一家。

2009年5月5日下午6时左右,四川南充一名驾车的年青女子,因为堵车和一名卖串串的大爷发生纠纷,女子扇了大爷耳光,此举引发市民围观和指责。有人将现场照片贴在网上,发动网友进行"人肉搜索",上万网民参与,搜出开车女子的真实姓名、家庭住址、QQ号、学历、工作单位、电话号码甚至其半裸的照片、身高、体重和"三围"信息。

"我三次下跪鞠躬,请求大爷原谅",据开车女子介绍,她气急之下出手打人,但很快意识到自己的错误,"大家要求我跪在车子引擎盖上道歉,我刚跪下,警察把我拉起来。""我是错了,但为啥就没人帖我道歉的照片,就没人替我说话?"5月7日上午,采访此事的记者见到开车女子和她的母亲,"这几天她都没法工作,谩骂电话不断"。女子的母亲介绍,其实他们家庭条件一般,不像网上说的名车美女。"今天早上,她到嘉陵江边寻短见,还是她爸把她拖回来的。""我打人是不对,

第三章 归纳求"信":合理置信的底蕴

但也不该这样疯狂地曝光我的隐私!"开车女子说。

两天时间,上万网友跟帖发言,在表达无限愤慨的同时,已有网友开始反思这场"快乐盛宴"的合理性。网友"莽娃儿"质问:"真是场快乐的盛宴,准备进行到什么时候?这事从一开始就缺乏理性。且不说事情的起因如何,没有一个人把处理结果通报给大家,就忙不迭地义愤填膺。"据警方介绍,那位被打的杨大爷也没什么明显伤痕,目前还在观察。警方还在协调双方尽快处理此事,"纯粹就是一个小纠纷!"①

就在网友自己反思的同时,此事也引起了南充市人大代表、四川助民律师事务所律师廖丹的关注。网友称自己只是一个"搬运工",把开车女子的基本信息从她QQ空间搬运到互联网上来,自己并没侵权。廖丹却认为,个人的QQ空间本就属于很私密的地方,未经主人同意就"搬"出来,涉嫌侵权。从网友目前公布的开车女子信息来看,完全涉嫌侵犯她的隐私,至于从哪儿获得这个信息,这只是一个侵权人获取信息的渠道而已。廖丹表示,"人肉搜索"有一个底线,那就是在不侵犯隐私的前提下进行,网友们用这种方式来迫使开车女子出来道歉或澄清真相,明显就是网络暴力,是一种侵权行为。②

在网络"人肉搜索"的时代,暴力类型五花八门,有打电话发短信进行人身威胁的,有网民自己找到被搜者的家门口泼大粪、写标语口号的,更常见也是更恶劣的,是把被搜索者的个人信息全部公布在网上,以使被搜者得到最强烈的报复为行动依归。尽管我国宪法第38条对人格权、民法通则第101条和司法解释第140条对公民的名誉权、人格权都有法律上的明文规定,然而在没有落实到具体个体的时候,人们便没有了法律的约束,至于道德的约束,就更指望不上了。于

---

① 参见苏定伟:《女子掌掴老汉遭人肉搜索后欲跳江轻生》,载《华西都市报》2009年5月8日。

② 参见 http://news.163.com/09/0508/05/58P4SUMH00011229.html。

163

是,有人可以为所欲为,尽情释放内心深处暴戾的一面。正如孙浩元在其新小说《人肉搜索》中所指出的,"人肉搜索"这种暴力并不是"新的暴力",而是来源于遥远的暴力革命下的集体心态。"暴力革命"背后贯穿的思想是,打倒一切阻挡我们的拦路虎以达到自己的目的。这种情绪体现在"人肉搜索"中便是通过揭露他人隐私、破坏他人正常生活以达到自己的心理上的道德满足感与发泄目的。终究,他们忽略的是中国古代流传千年的"己所不欲,勿施于人"的教诲。在冠冕堂皇的政治或者道德的旗号下,情绪发泄多于理性思考,直觉判断压过逻辑分析,以一种不恰当的铿锵有力的话语将被搜索者打入无底深渊,宣泄了自己内心深处的暴力欲,践踏了被搜索者的生命和尊严。

民主的本义意味着平等与宽容。平等与宽容也是最宝贵的民主要素。在学术研究上,为了求真,我们可以不宽容,可以"较真",但在对待他人的人格、尊严和话语权等方面,我们应该宽容。这种宽容,包括对他人的偏见甚至成见的理解——只要他没有触犯法律,没有悖离哈贝马斯研究沟通行动理论时提出的有效性假定,即所谓的"三真原则"——其一是真实性,即陈述的内容必须是真实的;其二是真诚性,即不得企图欺骗听众;其三是正当性,话语必须适合特定的语境中特定的规范——都应该受到尊重。现代国家的运行之所以依赖于法律和法治,就是因为法律和法治是理性的产物,它可以尽可能地减少人们因为偏好因素导致的反理性的多数暴政。

5. 归纳意识与归纳域

归纳所得出的结论虽然不具有必然性,但作为一种推理形式或思维方式,不论在科学研究领域还是在社会生活领域,归纳都具有不可或缺、不可替代的功用,问题是如何正确而又灵活地运用归纳。正确

第三章 归纳求"信":合理置信的底蕴

而又灵活地运用归纳,其前提在于我们是否具有归纳的意识,有归纳意识,还应该具备提升归纳结论可信程度的方法和技巧,也就是要掌握好归纳的范围,即归纳域问题。

俗话说"吃一堑,长一智"。"堑",即挫折,"智"是在对挫折经验的基础上归纳得出的教训。如果"吃一堑"能够立即"长一智",就是具有较强的归纳意识,反之,就是"太没有记性了"。缺少归纳意识的认知状态是熟视而无睹,碰壁而不悟。当一定数量的现象在眼前反复出现时,永远只见个别,不觉不悟个别背后的一般存在。① 特别是在同一种现象面前,是否具有归纳意识以及归纳意识强弱与否,具有非常明显的反差。

北美独立战争期间,美国总统华盛顿曾任十三州起义部队的总司令。一次,华盛顿率领起义军准备进攻被英军占领的波士顿。出人意料的是,没等他的部队兵临城下,英军就大规模地撤退了。是英军不敢与起义军对抗,还是英军在耍什么计策?华盛顿一时难以判断。经情报人员刺探后才知道,波士顿城内出现了烈性传染病——天花,英军为了保存有生力量,并利用这一可怕的"细菌武器"抵抗起义部队,及时撤出了健康的士兵,而把患天花病的士兵尽数留在城里。其目的是显而易见的,他们把波士顿留给了起义军,也要把天花留给起义军,使其丧失战斗力。

那时,天花是致命的瘟疫,人人闻风丧胆。然而,波士顿城在军事、经济上的位置又极为重要,华盛顿不愿意放弃对它的攻占。他一边沉思,一边抚摸着自己小时候生天花留下的麻斑,脑海中突然掠过一种奇想:在自己多年的戎马生涯中,曾经不止一次地遭遇过天花大流行,却没有再被传染过,这里是不是有什么奥秘?

---

① 参见张盛彬:《认识逻辑学》,北京:人民出版社2008年版,第163—166页。

第二天清早,他查询了起义军中所有麻脸的官兵,发现他们都没有第二次患天花的病史。据此,华盛顿果断地组织了一支麻脸官兵"特种部队",向波士顿城发起了进攻。这支"特种部队"如入无人之境,不费吹灰之力,迅速拿下了波士顿城。那时,医学界还没有认识到患过天花的人具有终身免疫的功能,更不知道给人种上"牛痘"疫苗可以免疫天花。华盛顿此役的胜利,正是得益于其较强的归纳意识。

而丹麦天文学家第谷却没有这种强烈的归纳意识。第谷长于观察,据说他观察各行星的位置误差不超过 0.67 度,就是数百年后,有了现代仪器的人们也不能不惊叹他当时观察的精确性。他三十年如一日地观天,记录星辰,获得了十分丰富的第一手资料,但所得结论却甚少。第谷的助手开普勒,利用第谷的观察数据,不久就归纳出了行星运动的三大规律。第谷被人们称为星学之王,而开普勒则被人们称为天上的立法者。"星学之王"和"天上的立法者",这两种不同的评价,其实也是对第谷与开普勒的归纳意识之强弱的评说。

强调归纳意识,要注意区分两种极端情况,一是凡事皆"归纳",从极少的事例中强行得出普遍性的结论,最后陷入"守株待兔"的误区;二是从较多事例中归纳出普遍结论,最后为这样的结论所束缚,变得僵化和教条,这就违背归纳创新的初衷。在第四次中东战争中,以色列部队就曾犯过这样的错误。1973 年,第四次中东战争前夕,埃及军队频繁调动,不断地进行大规模的军事演习。阿拉伯方面增强军事力量、加强战备的情况,以色列情报部门依靠美国的"大鸟"卫星是了如指掌的。以色列总参谋长埃拉扎尔虽然不同意情报部门所做的"不会发生战争"的论断,但是看到埃及军队一次次调动仅仅是一次次的军事演习,这位参谋长也就不愿重犯空喊"狼来了"那种错误,对埃及的军事演习视为平常、渐渐麻木了。1973 年 10 月 6 日,当埃及军队第 23 次大规模调动、向苏伊士运河方向集结时,以色列方面仍然以为,这

第三章 归纳求"信":合理置信的底蕴

是埃及军队的又一次军事演习,因而毫无准备,甚至让官兵放假去过犹太人的"赎罪日"节。结果,埃及军队一举突破了以军耗资巨大的"巴列夫防线",取得了震惊世界的辉煌战果。埃及的胜利,除了以色列方面过分相信本国的军事力量外,还因为埃及方面利用了以方或多或少存在着的思维惯性,在制造假象、反复干扰的情况,引导对方进行轻率概括,做出了错误的判断。

有归纳意识是进行归纳的前提,但如何提高归纳结论的可信度,还要掌握好归纳的范围,即归纳域问题。① 归纳域应该包括两个方面,其一是选取归纳对象的范围问题。对象范围的选择往往影响到归纳结论的可信性。以典型事例为对象,在可控制、可把握的范围内归纳,结论的可置信程度肯定会高一些。其二是确定结论所指对象的范围问题。结论所指对象是何种范围,也影响着归纳结论的可置信度。守株待兔者的结论是个别推出了普遍,如果他将这个别推至个别或特殊,其结论的荒唐程度就低多了。华罗庚在《数学归纳法》中曾经举例说:"从一个袋子里摸出来的第一个是红玻璃球,第二个是红玻璃球,甚至第三个、第四个、第五个都是红玻璃球的时候,我们会立刻出现一个猜想'是不是这个袋里的东西都是红玻璃球?'但是,当我们有一次摸出一个白玻璃球的时候,这个猜想失败了。这时我们会出现另一个猜想:'是不是这个袋里的东西都是玻璃球?'当有一次摸出来是一个木球的时候,这个猜想又失败了。那时,我们会出现第三个猜想:'是不是袋里的东西都是球?'这个猜想对不对,还必须继续加以检验,要把袋里的东西全部摸出来,才能见分晓。"② 华罗庚所举的这个案例告诉我们,根据认识的具体情况,及时调整结论所指对象的范围,是提高结论可信度的一个重要路径。在社会生活领域,我们在对一些人或事

---

① 参见张盛彬:《认识逻辑学》,第165页。
② 参见吴家国等:《普通逻辑》,上海:上海人民出版社1993年版,第284—285页。

进行评论时,所得出的结论应该尽量用特称命题、统计命题,而应当慎用全称命题。

有一则故事说,某翁请客,见主客迟迟未到,便焦急地说:"唉,该来的没来。"来陪客的人一听,有的坐不住走了。见主客还未到,又有陪客走了,他更着急,脱口而出:"不该走的走了。"话音刚落,所有的客人都走了。此翁傻了:"我错在哪儿了?"在社会生活中,类似这样的误解甚至纠纷有很多,往往都是因为归纳域的选择不当而引发的。比如,看到一些男人有钱变坏了,就得出"男人有钱就变坏"的结论,这让有些成功人士大为委屈,因为他们有钱了却并没有变坏,而且对国、对家都作出了比没有钱时更多、更重要的贡献。由于这样的普遍结论有失偏颇,所以,有人反问,我国国家政策中有"鼓励一部分人先富起来"的规定,那它的意思就是"鼓励一部分人先坏起来了"吗?如果将这里的结论范围作必要的调适,修改为"有的男人有钱就变坏",可能就不会引起这样的误解了。当然,如果更具体地指出哪些男人变坏,做了哪些坏事,这就比前面的全称和特称量词更具有具体性内容。就是说,在归纳范围中,要注意个别差异性的存在。在材料很少时,我们宁愿多描述个别的具体事实,而少作概括性、普遍性的结论或判断,少用普遍命题或全称命题来表达,尽可能运用较为精确的统计数字或统计命题来表达,这不仅是提升归纳的置信度的路径,也是发挥归纳逻辑在社会生活中理性功能的路径。

第四章 逻辑精神:社会理性的内核

1215年,英国国王约翰无节制的税收激起了众怒,贵族率领民众讨伐国王,战斗到最后关头,国王身边只剩下7个骑士。按照中国人的传统做法,当然是要杀掉这8个人改朝换代,但那些英国人却没有这样做,而是迫使约翰签署了保护国民权利的《大宪章》。这个《大宪章》后来成为英国宪政制度的基石。相反,中国历史上的改朝换代,往往都是凭情感上的"痛快"和"解恨"而以"坚决、彻底"的方式进行的。项羽进入秦朝首都咸阳,不但杀人无数,还把阿房宫以及秦始皇陵墓的地面上相当于72个故宫那么大的豪华建筑放火烧了。李自成攻入洛阳,不但把统治洛阳的明朝福王杀了,也将福王宫给烧了……有人疑问,为什么还要烧王宫呢?你住进去不就行了?留下来不是一处很好的文物吗?但中国民众传统思维中的"造反"和"革命",早已演化为一种接受推翻而不接受改革的思维定势。这种思维定势决定了它不可能具有"妥协"的属性。① 其实,"妥协"仍然只是现象表层的东西,"妥协"现象背后更为深层次的当是群体思维中的"社会理性",是对社会运行"成本"和"收益"的合理权衡。理性地审视1215年的英国国王与国民的战争,人们并不难发现,率领民众讨伐国王的贵族,其要求无非是国王征税要经过其同意;而国王最低限度的要求则是要保住自己的王位。"限制王权"和"接受限制"是双方在维护自己最低限度利益的要求下互相妥协的基点。② 所以,社会改革中各方利益集团之间达

---

① 参见马立诚:《历史的拐点:中国历朝改革变法实录》,杭州:浙江人民出版社2008年版。
② 马莉:《改革需要妥协与和解的社会理性》,载《中国商报》2008年3月25日。

成的"妥协",进而实现社会制度的创新是理性审思之后的结果,不是某种激情冲动的产物。在进行这种理性审思中,条分缕析的逻辑思维、尊重论证的逻辑精神显然是其最为核心的因素。

正如郁慕镛所强调:"学习逻辑仅仅学习逻辑知识与方法显然是不够的,重要的还应学习逻辑精神和逻辑思想。近代西方逻辑与西方的数理化一起输入我国,但是,在'中学为体、西学为用'的思想指导下,中国传统的那种模糊笼统缺乏逻辑分析的思维方式却变化不大。一方面中国知识分子中只有少数学过逻辑,受过逻辑专门训练的就更少了;另一方面,许多中国知识分子对西方逻辑、乃至对西方科学的态度不妥。……学到了西方科学和逻辑中的形而下方面,知道了一些科学和逻辑知识,会解一些科学和逻辑难题,却没有学到其形而上的方面,即把握科学和逻辑精神,当然更谈不到将这种精神融入自己的'灵魂'了。"①问题的关键恰恰在于,逻辑精神的真正弘扬,是社会迈向理性化之途的必由之路。

1. 社会理性的特质及其取向

社会理性是"理性"的种概念,也是一个群体性思维概念。"理性"是相对于"非理性"而言的。人们通常所说的理性、非理性只是一个泛文化的概念,它们大体上是对一种精神现象或文化现象的笼统描述。百度百科对"非理性"词条的解释是:非理性主要是指一切有别于理性思维的精神因素,如情感、直觉、幻觉、下意识、灵感;也指那些反对理性哲学的各种非理性思潮,如唯情论、意志论、生命哲学、无意识、直觉论、神秘主义、虚无主义、相对主义等。人们常见的非理性观念有十二

---

① 郁慕镛、张义生主编:《逻辑、科学、创新——思维科学新论》,长春:吉林人民出版社2002年版,第15页。

第四章 逻辑精神：社会理性的内核

种，即(1)需要被赞赏。一个人不管做什么，都绝对必须得到每个人的喜爱和赞许。(2)过高的自我期许。人在各方面都必须能力十足，完美无缺。(3)责备。有些人很坏、邪恶、卑鄙，应该受到责备惩罚。(4)面临灾难。当事情不能尽如己愿时，一定是可怕的灾祸。(5)不承担责任。不愉快是由外在环境所造成的，个人一定无法加以控制。(6)忧虑。对于可能发生的危险或可怕的事物，必须要常记挂在心里。(7)逃避问题。逃避某种困难或责任，总是比面对问题来得容易。(8)无助感。过去的经验与事件，是现在行为的决定者，过去的影响一定是无法磨蚀的。(9)完美主义。每个问题一定有一个正确或完美的解决方法，而且必须找到，否则将会有大灾难。(10)依赖。一个人必须依赖他人，并应找一个比自己更强的人去依靠。(11)过分关切。一个人应该为别人的难题或困扰而烦恼。(12)惰性。个人的自我陶醉或不必积极参与活动，也必能带来极大的喜悦。① 在日常意义层面，"非理性"常常被人们理解为"不要理性""否定理性"，甚至"丧失理性"，而成为一个价值判断词。

在哲学、心理、法学、宗教、政治等不同学科中，人们对"非理性"也有近似但并不等同的认识。比如，有些哲学家认为，非理性就是荒诞无稽、逻辑混乱；心理学家认为，非理性是人的原始欲望和本能；伦理学家认为，非理性是违背人伦之举；神学家认为，非理性是背离神的异端；法学家认为，非理性是越轨行为或犯法行为；政治学家认为，非理性是缺乏理智的盲目的政治手段，有的则专指暴力或杀戮……凭借上述解释，我们可以这样认识非理性的基本属性，即非理性是反映并反作用于社会存在的非条理化、非规范化、非逻辑化、非程序化、非秩序化的社会意识或社会精神现象。② 在社会学意义上，非理性主要与规

---

① http://baike.baidu.com/view/644279.htm.
② 夏军：《非理性及研究可能性》，载《中国社会科学》1993年第4期。

范化、组织化、有序化的社会行为相对应,常常与人的本能私欲、集体无意识、潜意识行为结构等相关联。① 在思维方式层面,"非理性"最为明显和突出的要素就是其非逻辑性,换句话说,就是缺乏对行为和思想的合理性与正确性作逻辑的反思和审问,任凭本能、激情、冲动而盲目地行动。

我们认为,上述对"理性"与"非理性"的讨论都是颇有启发价值的,但有一个共同的缺点,就是没有注意界划"非理性"与"反理性"。人类思想与行动固有理性因素与非理性因素方面,正如当代科学逻辑研究所揭示,非理性因素与理性因素的互动,在科学研究中起着重要作用。科学研究是这样,社会生活也是这样。我们倡导在社会生活中弘扬逻辑精神,绝不是要否定非理性因素在社会生活中的正面价值,而是要使社会成员认识反逻辑、反理性因素的危害,抑制非理性因素的负面作用,使社会理性化因素占据主导地位,从而使社会走向真正的和谐发展。我们赞同这样的观点:"人类社会关系和社会生活决定了我们必须用理性统率非理性,而不是把我们的命运交给盲目的非理性。"②

那么,如何理解"社会理性"这个概念呢?一般说来,"社会理性"是"理性"的种概念,是一种社会群体之间的合作理性,它至少包括如下两个方面:一是市场交易领域的社会互利——经济理性;二是生存安全领域的社会互助——合作理性。人类的这种合作理性是人类社会长期实践的产物,是基于对人们之间存在的社会连带关系的认识而达成的共识并采取的必要行动。从整体上看,人类具有合作理性,而个体的人可能不具备或较少具备合作理性;作为抽象的人具备合作理性,而作为具体的人可能不具备或较少具备合作理性。因此,合作理

---

① 姚军毅:《当代哲学问题前沿研究》,载《武汉大学学报》1994年第2期。
② 韩震:《重建理性主义信念》,北京:北京出版社1998年版,第193页。

第四章 逻辑精神:社会理性的内核

性催生了道德和法制,即通过建立非强制和强制性的行为规范保护合作者、惩罚不合作者,以保证社会合作目的的顺利实现。

社会理性既是人们从事各种社会活动中的本质能力,也是作用于人们社会活动的基本原则。作为本质能力,社会理性表现为人们在社会活动中的思维能力、自控能力、评价能力;作为基本原则,社会理性表现为认知原则、规范原则、评价原则。三种能力和三种原则在各自领域的结合,构成了三种社会理性:理论理性、实践理性、评价理性。一般而言,社会理性具备如下核心要素和基本特征。[①]

其一,社会批判和反省。所谓批判就是不迷信任何外在的权威、现成的经典、流行的偏见,对于既存的宗教、自然观、社会、国家制度以及先前毫未置疑的种种观念和信仰,重新加以审视、检讨、诘难、辩驳、求证,以确定所有这些对象历史存在的合法性基础,它们的真理性、有效性以及发展变化的可能性。所谓反省,就是对自己或己方团体的既往历史、当下选择和决策等进行检讨,以超脱于自身的地位、身份、利益的方式,甚至以换位思考的方式,反思其公平、公正、合理性。

从思维技能角度论,社会批判和反省可以参考如下提问的方式:(1)讨论的问题或结论是什么?(2)理由是什么?(3)其中有哪些词句的意义模糊不清?(4)其中有无价值冲突?(5)它的描述性假设是什么?(6)证据是什么?(7)抽样选择是否典型,衡量标准是否合理?(8)是否存在竞争性假说?(9)统计推理中是否有错误?(10)类比是否贴切中肯?(11)逻辑推理中是否存在错误?(12)重要的信息资料有没有遗漏?(13)哪些结论可以与有力的论据相容不悖?(14)讨论中你的价值偏好是什么?[②]等等。比如,对于这样的言论——"有些

[①] 参见姜义华:《理性缺位的启蒙》,上海:上海三联书店2000年版,第4—8页。
[②] 布朗、基利:《走出思维的误区》,张晓辉、王全杰译,北京:中央编译出版社1994年版,第217—218页。

人依靠他们的足智多谋找到了工作或者凭借自愿降低报酬找到了工作,解决了失业问题。因此,所有失业者都可以这样做。"我们可以这样反思:这是通过归纳推理得出的结论吗?是否合理?如果推广开来,所有失业者都这样做可行吗?等等。

其二,通过理智锲而不舍地追求真实与发现真理的意志。社会理性是一种能力,一种力量,它的使命就是引导人们去努力追求真实,顽强地冲破一切障碍去发现真理。这种认识能力、认识力量,更敢于承认自己所发现的原理与真理只是对真实的事实的有限的了解,认识的真理性、有效性同样是相对的,社会理性的不断前进完全可以在往后摒弃它或更替它。

在社会生活层面,社会理性的这种属性对于剖析社会热点、难点问题,分清理想与现实的关系具有主要的作用。比如,在讨论收入分配时,假设社会是由两个居民组成,考虑 A、B、C 三种状态:在 A 状态下,每人各得 100;在 B 状态下,第一个人得 120,第二个人得 180;在 C 状态下,每人各得 150。再进一步设想,现在处于状态 B。那么,如果这三种状态都是可行的,社会最优的安排应该是状态 C;但是,如果状态 C 不可行,我们就不能把状态 C 作为"现实"参照去批评状态 B。如果不考虑可行的选择,非要两个人收入均等,我们只能走向状态 A,这样两个人的利益都受到损害。当然,如果全社会的价值观是平均分配偏好于任何收入差距,由状态 B 退到状态 A 也可以,但我们绝不能把不可行的状态 C 当作"现实"看待,否则就容易混淆理想与现实的关系,作出一些不理性的选择或决策。

其三,确立并严格依循一以贯之的分析、分解和综合、辩证构建的认知方法。社会理性应该将人们的认知建筑在对事物的现象、表征的分析基础上,努力考辨人们根据经典、启示、传统、习惯和权威、信仰所获得的一切原理、规则、观念、秩序,对它们进行解剖以及几乎无穷无尽的反复诘难、辩驳、验证、纠错,尽一切可能排除感情、欲望对于理智本身的牵制,以了解事实的真相,然后,再把所获得的事实经过比较、汇总、综合与重新构建,形成对于外部现实世界的全新认识,用以指导和规约人们的行动。社会理性反对一切以情代理,以主观意志代替客观分析,特别是在大前提未经验证、未获得确认的情况下进行推理,以及由此获得的连锁结论。

我们知道,社会理性离不开论证和说服。论证可以是错综复杂的,但不论一个论证有多么复杂,都是由推理构成的。而任何推理又都是由两个基本要素组成——两个不同类型的命题:一个是前提,一个是结论。前提是支持性命题,是论证的起点,包含着推理的出发点所依靠的基础事实。结论是被证明的命题,它在前提的基础上得出,并力图为人们所接受。复杂论证通常包含大量的前提,而且各个前提之间往往相互作用,具有一定的关系。只有摆正它们之间的关系,才有可能得出正确的结论,反之,则不能得出正确的结论。如下这个故事常常被人们引用,也折服了不少被说服者——"丢失了一颗铁钉,丢了一只马蹄铁;丢了一只马蹄铁,折了一匹战马;折了一匹战马,损了一位将军;损了一位将军,输了一场战争;输了一场战争,亡了一个帝国。"其实,从"丢失了一颗铁钉"的前提到"亡了一个帝国"的结论之间,需要满足很多条件,在这样的前提和结果之间,远不是这么简单的线性关系。所以,逻辑学家警告人们:"从一个论证出发得出多个结论极为少见,实际上,这种情况也要尽量避免。"①

人们之所以不去努力追究前提到结论之间的内在逻辑关联,往往是因非理性因素在起作用。以非理性方式得出的结果,却又往往使得这些人极为尴尬。一个明显的例子是中国学者对爱因斯坦的误读。

---

① 麦克伦尼:《简单的逻辑学》,赵明燕译,北京:中国人民大学出版社2008年版,第47—48页。

1953年,在致斯威泽的信中,爱因斯坦谈到科学起源时说过这样一段话,原文如下:

> The development of Western science has been based on two great achievements, the invention of the formal logical system(in Euclidean geometry) by the Greek philosophers, and the discovery of the possibility of finding out causal relationships by systematic experiment(at the Renaissance). In my opinion one need not be astonished that the Chinese sages did not make these steps. The astonishing thing is that these discoveries were made at all.

我们在导言中已引用了爱因斯坦这段论述的前一句话,现在我们关心的是后一句话。因为其中提到了"中国的贤哲"(Chinese sages),经常被中国学者所引用。对此,有两个通行译文。其中之一是商务印书馆出版的、影响颇广的《爱因斯坦文集》第1版。书中译文为:"西方科学的发展是以两个伟大的成就为基础,那就是:希腊哲学家发明形式逻辑体系(在欧几里得几何学中),以及通过系统的实验发现有可能找出因果关系(在文艺复兴时期)。在我看来,中国的贤哲没有走上这两步,那是不用惊奇的。令人惊奇的倒是这些发现[在中国]全都做出来了。"①

最后一句话的译文,以前常被用来表明爱因斯坦对中国古代科学的赞赏,但是,宗白华、陈明远、李醒民等学者认为,这完全译错了。他们将之改译为:"如果这些发现果然做了出来那倒是令人惊奇的",或"若是这些发现在中国全都做出来了倒是令人惊奇的"。这种译法被当今一些学者推荐、引用,一再用来证明爱因斯坦否定古代中国有可

---

① 《爱因斯坦文集》第1卷,许良英等编译,北京:商务印书馆1976年版,第574页。

能发展出科学。《爱因斯坦文集》新版也采用了这个译法。但是,这个译法也是值得商榷的,属于"矫枉过正"。张全、张之翔、方舟子等学者认为,这句话的准确翻译应该是:"令人惊奇的事倒是,这些发现都被做出来了",或"这些发现竟然被做出来了才是令人惊讶的"①。我们认为,从爱因斯坦原文及其思想语境看,这样的翻译是准确的。爱因斯坦只是认为演绎逻辑理论与归纳逻辑理论的出现都是不平常的事件,因此不必对古代中国没有发现而惊讶,令人惊奇的倒是它们的被发现,这里并没有否认古代中国有可能发现它们,更没有否定中国古代可能发展出科学。

上述引文之所以一再被误译和误引,无非是受制于两种非理性的情感,其一是译者和引述者,包括许多知名的学者,想以此作为"中国古代已经做出了西方科学两个伟大的成就"的证据,据此张扬民族自豪感。瞧,连爱因斯坦也说:"令人惊奇的倒是这些发现在中国全都做出来了。"在这些引者心目中,爱因斯坦的这段话就成了中国文明世界第一,至少是"领先"的"铁证"。其二则受到了对"牵强附会"学风的一种不满情绪的过度影响。

知名学者葛剑雄在谈到"太空能见到长城"的谬说时,也有类似的批评——新华社的一名记者无意中发现,小学四年级第七册《语文》课本中收有散文《长城砖》,称宇航员能在宇宙飞船上看到长城。这套教材是由人民教育出版社编著,2001年经全国中小学教材审定委员会审查通过的。虽然"太空能见到长城"的说法已被我国首位进入太空的航天员杨利伟明确否定,但长期重复这一谬说的现象却暴露了我们一个很大的弱点,即对我们钟爱的传统文化和国宝其实缺乏应有的了解;我们往往习惯于用是否对我们"有利"来衡量一条消息或一种说法

---

① 参见张全、张之翔:《关于对爱因斯坦的误读问题》,载《大学物理》1999年第7期。

的价值,而不是将事实的真伪和可靠性放在首位。以是否"有利"为评价标准既不科学,也不讲究实效;有些人最喜欢用外国人的话来证明中国的伟大。在他们看来,连外国人都说中国或中国人好了,那就证明已经好得不得了。①

著名美学家宗白华谈到这类事件时曾经感慨道:"中国学者历来有两种极其强烈的嗜好与习惯(或者可以说是本能),就是模糊笼统和牵强附会。到了近代欧美学说输入中国,这种联想比附、随意发挥的习惯,更得到了用武之地。昨天以《庄子》来比附达尔文进化论,今天以《墨子》来比附卢梭民约论,明天又以《老子》来比附爱因斯坦相对论。似乎现代科学的许多成就,在中国古代早已有之!生搬硬套、不可思议,自吹自擂、想入非非,实在令人又好笑又可气。我自己在年轻时代,五四运动时期,也曾经用魏晋佛理来比附康德哲学。现在回想起来,何尝不是中了这种模糊笼统、牵强附会的遗毒,沾染了一知半解、妄自尊大的恶习。""不适当地把'民族自尊心''民族自豪感'任意夸张为'集体虚荣心'和'夜郎自大症'。爱听恭维话、硬撑门面、只图表面光彩、明知落后而又不甘承认落后、死要面子。实际上,许多专家学者的灵魂深处,至今还活着一个精神胜利的'阿Q'。"②显然,这种"阿Q"精神与"社会理性"的为实、求真的取向是背道而驰的。

其四,尽可能使用中性语言、避免用情绪语言和臆测性语言进行社会评价。所谓中性语言,就是不包含主观价值判断与尝试,表达赤裸裸的中性事实的语言。价值语言就是包含主观价值判断和各种臆测性的语言。由于价值判断往往会受到判断者内在情绪的干扰、影响,所以,价值语言在日常生活中往往包含了情绪而以"情绪语言"的方式出现。价值语言和情绪语言常常具有夸张性。比如,当A、B两

---

① 参见葛剑雄:《为何"太空见长城"谬说会长期重复?》,载《文汇报》2003年11月28日。
② 转引自陈明远:《对爱因斯坦的误读》,载《文汇报》1998年4月16日。

国交战时,A 国在某次战役中大获全胜,A 国就会对外宣称:"我军士气高昂,奋勇杀敌,替天行道,杀得敌人片甲不留,看吧! 正义必然战胜邪恶";B 国则宣称:"A 国残暴成性,杀人如麻,简直是杀人魔王再现,让我们举国上下团结一致,共同歼灭恶魔,保卫世界和平。相信真理和正义必然站在我们的一边。"这两段描述,告诉我们这样一个中性事实:A 国杀了许多 B 国的人;或者 B 国被 A 国杀了许多人。我们将 A 国和 B 国宣传中的情绪语言以及中性事实分别提炼出来,大致是:

(1)(情绪语言)我军替天行道,为了正义和真理而战,奋勇杀敌,歼敌无数。

(2)(情绪语言)A 国残暴成性,杀人如麻,是杀人魔鬼。

(3)(中性语言)在一场战役中,A 国杀了很多 B 国的人。

殷海光曾把价值语言或情绪语言表达的思想称之为"有颜色的思想",把中性语言表达的思想称之为"无颜色的思想",当我们听说一些信息时,要想保持独立的判断能力,首先必须清楚地分离中性语言和价值语言,过滤夸张和臆测性语言,以转化或直接找出中性语言和较为中性的事实,然后再搜集更多的中性事实,最后再独立思考、判断和评价。

认清价值语言或情绪语言,并将它们还原为中性语言,有一个简单但不是十分精密的方法,就是"把形容词先删掉",有的动词也可能是情绪、价值语言,也必须给予注意。比如"甲骂乙",其实,可能是甲批评了乙,但"骂"字就不同了。再如,"嫌疑犯"一词是对一个人从反面作出判断的价值语言。因为"嫌"字与"犯"字在中文的字形和字义中都呈现出不良的形象,如果一个人真的没有犯罪,称人家为嫌疑犯,未免太冤枉人,被冤枉的人也会因此而感到名誉扫地、怒气难消。因此,将其改为"嫌疑人""可嫌者"等较中性的语言,就可以避免误识和误解。一般而言,中性语言具有认知功能,能够提供给人们认知的便利;而情绪语言具有煽动情绪的作用,缺少认知功能。有的学者指出,只有那些缺少证据、不能进行严密论证事理的人,才喜欢动用情绪语言。以此鉴之,一个社会的主流媒体的新闻报道中所使用中性语言和情绪语言的多寡,以及读者、听众喜好中性语言或情绪语言的程度,即可以在一定程度上判断出这个社会的理性程度和文明程度。一个社会的主流媒体,其新闻报道使用的中性语言越多,说明这个社会越文明、越理性。[①] 所以,我们认为,以中性语言认识和评价社会事件,既是社会理性的取向,也是社会实现理性化的必要条件和路径之一。

2. 以逻辑分析考辨社会共识

每个社会都是历史长河中的一个截面,都是历史的积淀和其时代创新的共同产物,也都有各种各样通过不同方式和渠道形成的"社会共识",并以之维护或推动这个社会的运行和发展。社会共识能否接受和通过理性的批判与反思,反映着这个社会的文明进步的程度。没有经过社会理性确认的"共识",往往隐含着诸多不合理的成分。而社会的文明和进步则需要对不合理的社会共识进行检讨和修正。

"共识"顾名思义就是特定历史阶段的人们所形成的共同认识。人们既可能对真理形成"共识",也可能对错误形成"共识"。粗略地看,"社会共识"的形成有两大类路径,即构建化路径和未构建化路径。构建化路径也可以称为结构性路径,是一种制度化的形成方式。它可以条文化,也可以不成条文。它是一个阶段的统治者通过社会制度或结构,使社会成员认同统治阶级的价值观念和意识形态,而统治阶级

---

① 参见杨士毅:《逻辑与人生》,富育兰编,第 61—62 页。

则通过有形的法律和无形的利益分配及对社会、经济、政治、文化等各种资源的控制实现其目的,使得统治阶级的价值观念和意识形态深入到社会生活的各个方面。其中,统治阶级掌握的教育权力和传播工具起着重要作用。如果不认同统治阶级倡导的价值观念和意识形态,则会受到"硬"的(如法律)或"软"的(如道德)规范的制约,反之,则会受到保护或褒奖。比如,儒家制定并得到封建统治者认同的"三从四德"等。社会共识的未建构化路径主要是通过某种暴力方式实现的。因为某种"力量"或暴力控制着人们,"强权就是真理","力量"拥有者的意见就被得到"承认"。在秦始皇当政时,吕不韦任宰相,他写了一篇文章公布于天下,说谁能改我文章中的一个字,就会得到赏金。可是,在独裁者的统治下,又有谁敢改呢?久而久之,吕不韦的一些想法就逐渐成为社会"共识"了。

每个社会的社会共识都是一个复杂的系统,尽管叔本华曾有一个良好的愿望——如果每一个花招都有一个简朴、明白、恰当的名字,使得当某个人在使用这个花招时,就会马上因此受到反驳,那么,这将是一件大好事。但是,在有限历史阶段内,彻底清算一个社会的所有共识是不可能完成的任务。这里,我们只能结合一些具体事例谈谈逻辑分析对于考辨社会共识合理性的方法、意义和价值。

其一,利用逻辑工具,考辨误传的"共识"。

在社会共识形成的构建化路径中,由于民众所知道和所能够知道的内容主要来自统治者主导的传播内容和教育内容,缺少逻辑训练的人往往把这些内容看作是绝对真理,而那些与其相左的说法则被斥之为异端、邪说,以这种方式形成的社会共识大多含有很多谬误因素,利用逻辑分析,可以对纠正这种错误共识有很大的帮助。

在社会生活中,人们对好色之徒常常以"登徒子"称之,"登徒子"似乎就是"好色之徒"的别称。人们之所以有这样的共识,是因为一篇千古流传的文章《登徒子好色赋》。这篇文章的作者是宋玉。战国时期的楚王大夫登徒子发现,宋玉长相潇洒但品行不端,故而建议楚王对其有所戒备。楚王以登徒子的话质问宋玉,宋玉为了证明他不好色,而告发他的人登徒子才是好色之徒,便写了这篇《登徒子好色赋》,并逐渐传播开来,形成千古错识。让登徒子蒙冤千年的《登徒子好色赋》的全文是:

> 大夫登徒子侍于楚王,短宋玉曰:"玉为人体貌闲丽,口多微辞,又性好色。愿王勿与出入后宫。"
>
> 王以登徒子之言问宋玉。
>
> 玉曰:"体貌闲丽,所受于天也;口多微辞,所学于师也;至于好色,臣无有也。"
>
> 王曰:"子不好色,亦有说乎?有说则止,无说则退。"
>
> 玉曰:"天下之佳人莫若楚国,楚国之丽者莫若臣里,臣里之美者莫若臣东家之子。东家之子,增之一分则太长,减之一分则太短;着粉则太白,施朱则太赤;眉如翠羽,肌如白雪,腰如束素,齿如含贝,嫣然一笑,惑阳城,迷下蔡。然此女登墙窥臣三年,至今未许也。登徒子则不然。其妻蓬头挛耳,齞唇历齿,旁行踽偻,又疥且痔。登徒子悦之,使有五子。王熟察之,谁为好色者也?"

由于这篇文章不仅很有文采,而且论证方式也颇能迷惑人,所以昏庸的楚王得出结论:登徒子是好色之徒。让品性不端的宋玉得以逃脱责罚。如果楚王善于对宋玉的论证进行逻辑分析,这样的"冤案"就不会形成。因为宋玉在文章中所陈述的理由要么是"预期理由"——其理由的真假是有待确认的。比如,是否有"东家之子","东家之子"是否绝色美丽,"东家之子"是否对宋玉倾慕良久?宋玉是否真的对"东家之子"不动心?等等;再者,登徒子之妻是否如宋玉所形容的那样丑陋？要么是"推不出"——即便宋玉所陈述的理由都是真的，也推不出登徒子是"好色之徒"的结论。相反，贵为楚国大夫的登徒子，仍然守着糟糠之妻，恰恰说明他是一位品行端正、对爱情和婚姻十分守诺的人。1958年，毛泽东曾在杭州西湖度假，与浙江、上海等地的教授聊天时，谈到了宋玉的这篇文章，还幽默地说，登徒子如果能够活到今天，应该授给他一个称号，因为他模范地遵守了《婚姻法》。

其二，利用逻辑工具，厘清"共识"的层次。

有很多社会共识是模糊的，人们认为大致是"那样"，但究竟是不是那样，那样的程度又如何，并不清楚。要真正弄清楚这些共识是怎样的内涵，解除人们认识中的迷惑，就需要运用逻辑分析的工具。有一则趣闻，说的是1902年，教育家蔡元培与黄仲玉在杭州举行结婚典礼的事。婚礼上，来宾们侃侃而谈，就社会问题开展了讨论。陈介石阐述了夫妻平等的理论，宋恕则认为夫妻不存在平等，高低应以学行相较，还说：假如黄女士学问高于蔡先生，则蔡先生应以师礼对待黄女士，这怎么能说是平等呢？假如黄女士的学问不及蔡先生，则蔡先生应以弟子之礼对待黄女士，平等又从何谈起呢？一时，不但陈、宋二人相持不下，众人也参与了争论，七嘴八舌，难解难分。最后，大家请蔡先生表态。蔡元培说："就学行言，固有先后；就人格言，总是平等的。"众人一听，很是叹服。大家之所以叹服蔡先生，是因为蔡先生清晰地区分了两个层面的问题，即学行与人格，而不是将任何情况下的夫妻之间的"平等"混淆起来。

分清层次，是辨析社会共识的一个基本能力和要求，否则，不同层次的观念和认识纠缠在一起，"共识"只能是"一锅粥"。禅宗《传灯录》中有一个非常有名的公案。老僧三十年前参禅时，见山是山，见水是水；及至后来亲见知识，有个入处，见山不是山，见水不是水；而今得个体歇处，依然是见山只是山，见水只是水。

走近"逻先生"——逻辑、社会与人生

如果我们将语言视为平面,这里就无层次等级之分,这三句话便是:其一,见山是山,见水是水;其二,见山不是山,见水不是水;其三,见山还是山,见水还是水。那么,第一与第二句相矛盾,似乎第一句为真,第二句就是假。或者第二句是真,第一句就是假。这样认识,就混淆了语言的层次,也混淆了语言指涉的层次。因为禅宗中的话是对不同的人生境界、人生层次、人生历程中不同的阶段所作的语言描述,所以,上述的三句话均为真,或者说,均是不同层次的真。第一与第三句在语言表达形式上似乎相同,但实际上并不相同。不同层次上的语言,即使是同样的形式,所指涉的意义也不相同。可以将第一句视为第二句的对象语言,将第二句视为第一句的元语言,第三句是第一句的元元语言,或第三是第二句的元语言,而第二句是第三句的对象语言,这样就容易正确理解这段禅语了。①

其三,利用逻辑工具,辨析模糊的"共识"概念。

社会共识的一个显然特点就是模糊性。模糊的共识可以被人们任意解释,容易产生分歧。社会交往首先要求在同一律的基础上进行,任意理解的共识难以达致"同一性",所以,对模糊性的共识有必要进行辨析。比如,"真诚"是社会生活领域中一个重要概念。一般民众认为,"真"和"诚"是一回事,"真"即"诚","诚"即"真"。不真就是不诚,而不诚也就是不真。这种模糊认识,在"阶级斗争"时代,不知造成了多少冤假错案。"真"与"诚"果真是"一回事"吗?中国香港学者黄展骥对此作了认真的辨析。

> 任何描写句、叙述句或判断句,如果它符合事实,我们就说它为真;如果它不符合事实,我们就说它为假。"真"与"假"是语言层面的谓词,只宜用来形容语句。它们是哲学和逻辑的关键概念

---

① 参见杨士毅:《逻辑与人生》,富育兰编,第77—78页。

第四章 逻辑精神:社会理性的内核

之一,而且是语义学的研究对象。

"诚"与"谎"是指人的心理状态、动机等。所以,它们并不像"真""假"之为语言层面的谓词而是关于人的心理状态、动机等的谓词。"诚"或"诚实"是指尽自己所知,如"实"说出;而"谎"或"说谎"则是指尽自己所知,而故意不如"实"说出。简单地说,前者指说真话的意图,后者指说假话的意图,而二者皆不问所说的话为真抑为假。诚与谎是伦理学的主要研究对象。

在历史上,许多科学家哲学家以为自己发现了一些真理、理论等,往往又被后来别的科学家哲学家所修正或推翻。如果说假话就是说谎话,他们岂不是都成了谎话大师?基于上文的讨论,假如那些科学家哲学家的动机是意图说真话,那么,即使他们的理论被别人推翻,我们仍然说他们诚实而不说他们说谎。("诚恳""真诚""虚伪""虚妄"等词,是指人的行为动机等,这里也不拟替他们详细下定义。)

诚实的人,通常说的话为真;说谎的人,通常说的话为假。既然诚与真、谎与假有这样密切的因果联系,人们就常常把它们混而为一,不晓得把它们分别开来。《辞海》说:"'诚'就是真实的意思,与'伪'相对。按儒家多言诚及至诚,有天真纯一之意;'诚'者,审也、信也,按与今天所说的'真'字相同。欺诳之言为谎言。"

不少哲学家也常常把"真"与"妄"对立起来,例如有人说:"从东西之思想史上说,则亚里士多德已谓对于某些东西,'说'些什么,即有所为真与妄。而现代西方逻辑经验论者,亦多以真妄为属于语句之一种性质。中国十三经无真字,诚即真,而诚即从言,反诚为妄。庄子、墨子、孟子、荀子,亦大皆是就人之言,而论其是非诚妄。而言之是者诚者,亦即言之真者;言之非者妄者,亦即言之假者也。"①

正如黄展骥所指出的,在中国从古及今,许多人以至哲学家,都以诚为真,完全不分辨这两个重要的概念,这与传统中国不能充分发展科学而盛行泛道德主义是有很密切的因果关联的。这二者对中国遗害很大(殷海光常常这样说)。一天不着重分辨开这两个概念,一天这遗害就会继续下去。所以,我们决不能应用诉诸日常语言的那个"积非成是"的语义原则来处理"诚即真"这个问题。

社会关系错综复杂,一些居心不良的人常常玩弄"积非成是"的诡辩手段以达到自己不可告人的目的。在诡辩伎俩中,混淆概念、偷换概念是诡辩者常用的手法,正确使用和界定概念不仅具有科学研究上的意义,同样具有社会交往意义。在现实生活中,有些人常常打着"朋友"的旗号招摇撞骗,并屡屡得逞,因为在人们的观念中,既然你和我的朋友是朋友,那么你和我也就是朋友了。从逻辑上说,"朋友"关系只是一种偶传递关系。偶传递关系是相对于传递关系和反传递关系而言的。人们从事物之间的关系是否具有传递性的角度,把事物之间的关系分为传递关系、反传递关系和偶传递关系。对于任意对象 A、B、C,如果 A 对象与 B 对象有某种关系,B 对象与 C 对象也有这种关系,如果 A 对象与 C 对象必定还有这种关系,这种关系就是传递关系;如果 A 对象与 C 对象之间一定没有这种关系,这种关系就是反传递关系;如果 A 对象与 C 对象在有的情况下有这种关系,在有的情况下又没有这种关系,这种关系就是偶传递关系。可见,偶传递关系不是一种必然性关系,如果将其强化为必然性关系就是一种误读,而这样的误读在社会交往中的案例并不少见。有一则故事说,有位老人结交了一个猎人朋友。一天,猎人送给他一只野兔。老人当即将兔子做

---

① 黄展骥:《谬误与诡辩》,香港:蜗牛丛书 1977 年版,第 27—28 页。

成美味,想招待那位猎人。不巧,那位猎人外出未归,猎人有一个朋友正在焦急地等待他。老人就将猎人的这位朋友请到家里,用那只兔子做成的美味热情地招待了他。这位朋友十分感动,到处宣扬老人的热心和盛情。几天后,有一人主动找上门来,自称是送老人兔子的朋友的朋友。老人便拿出剩下的兔子汤,招待了他。没过几天,又来了八、九个地痞流氓,自称是送老人兔子的朋友的朋友的朋友。面对一帮无赖,老人端上一盆洗碗水让他们喝,并说:既然是送他兔子的朋友的朋友的朋友,就应该喝兔子汤的汤的汤!这位老人很有智慧,他的智慧就在于奇妙地揭露了那些无赖将"朋友"强化为传递关系的逻辑错误。

据《北京晚报》刊载,加拿大前外交官朗宁1892年生于我国湖北襄樊。他的父母是美国传教士,当时在中国传教,他是吃中国奶妈的乳汁长大的。他30岁在加拿大竞选省议员时,因为这件事竟遭到政敌的攻击。政敌攻击的主要理由是:"朗宁是吃中国奶妈的乳汁长大的,身上一定有中国血统,不适合参加加拿大的省议员的竞选。"这些政敌的理由是建立在一些人的"共识"之上的,即吃什么长大就具有什么血统。朗宁的反驳简洁而明了:"你们是喝牛奶长大的,你们身上一定有牛的血统。"

常言道"一句话不当可以让人哭;一句话恰当可以让人笑",不能准确把握概念的内涵而导致概念使用不当,也是造成很多不必要的社会纠纷和误解的重要原因之一。《演讲与口才》杂志曾登有一则律师运用逻辑知识调解民事纠纷的记述。

> 有个大风天气,甲家的院子里刮来了一块油毡,由于一时弄不清楚是谁家的,甲家就将它盖在了自家棚子上。
>
> 风息后,乙家发现厨房顶上的油毡少了一块,站在房顶上一看,油毡居然在一墙之隔的甲家棚子上。于是,乙家马上到甲家质问,出口便是:"你家为什么趁大风的时候偷我家的油毡?!"甲

家听到此话,不由得勃然大怒,与乙家争吵起来。由于双方都不冷静,就拳脚相加,打得难解难分,后来闹到了法院。经过调查,律师对双方当事人说:"你们这一纠纷的实质,只是在一个字上,即油毡是甲家'偷'还是'拣'的。从事实上看,这块油毡是'拣'的。按照我国民族传统的道德习惯,知道失主是谁后,就应该及时还给失主。"甲家觉得律师言之有理,不仅洗清了自己"偷东西"之嫌,而且帮助妥善解决了邻居之间的纠纷,便主动买来一块新油毡赔给乙家。乙家也主动向甲家道歉,表示不该说对方偷了他家的东西。事后,双方高兴地说,律师用一个字,讲明了道理,分清了是非,解除了他们的纠纷。

其四,利用逻辑工具,分辨社会热点"共识"中的谬误。

社会热点问题,参与讨论和评价的人多,其中的主导看法,不仅反映着社会的"共识",也有很多非理性成分掺杂其中,含有诸多谬误。运用逻辑工具剖析热点问题,不仅可以揭示问题的实质,澄清人们认识中的混乱,也有利于引导社会评论向理性化方向发展,推动社会文明和进步。特别是在网络时代,信息传播的速度快、范围广,参与社会评价的人多,"网络"已经成为一种重要的社会监督和评价的工具。网络上正确的评价和监督无疑会促进社会的发展,但错误的网络"声音"不仅容易给当事人造成不应当的伤害,还可能误导受众,贻害社会。网络评价者都是社会生活中活生生的个人,一些人的"贴子"之所以会得到很多网民的认同,在某种程度上反映了那些"跟帖"者的"认同"。

2004年下半年,网络上有两大重量级的"爆炸新闻",一是新华网报道复旦大学某教授的嫖娼事件,一是多家媒体报道82岁的Y和28岁的女研究生W结婚的消息,都在社会引起了一片哗然。在网络管理尚不规范的情况下,网络更是人们发表己见的最佳场所和平台。关于某教授事件和"Y"与"W"的婚事,网络评论可谓风起潮涌、铺天盖

第四章 逻辑精神:社会理性的内核

地,对与错、是与非的争执连绵数日。杨树森曾对 2004 年 12 月 18—23 日发表在搜狐、新浪两大网站 BBS 上的几千则关于"Y"与"W"结合的评论作了统计,他发现,持肯定态度者(支持者)不足 15%,认为不好但可以原谅者(理解者)也只有 20%左右,认为不好且不可原谅者占大多数。至于某教授嫖娼事件,据陶东风对"随机选择的 1000 条"网友评论的统计,支持、同情该教授的言论大约占 92%,批评、指责的仅占 8%。如何看待网民们的这种"共识"现象呢?杨树森从"是否危害社会""是否违反法纪""是否出自爱情""是否钱色交易""是否合法配偶""是否双方自愿""是否存在欺骗"等八个方面,对 Y 再婚和某教授嫖娼作了条分缕析的对比梳理,并列出了如下异同对照表:

评价指标	Y 再婚	某教授嫖娼
是否危害社会	无社会危害性	社会危害性不明显
是否违反法纪	没有违反法纪	违反了法规党纪
是否出自爱情	出自爱情	并非出自爱情
是否钱色交易	并非钱色交易	纯粹钱色交易
是否合法配偶	合法结合	并非合法配偶
是否双方自愿	双方自愿	双方自愿(女方不得已卖淫?)
是否利用权力	没有利用权力	没有利用权力
是否存在欺骗	不存在欺骗	(男方)不存在欺骗

从以上对比看,Y 再婚行为在每个指标下都很难给出负面评价,而某教授嫖娼则有不少负面的东西。但是在互联网上的网民评论中,对 Y 再婚的批评远远多于对该教授嫖娼的批评。[①]

杨树森认为,之所以会出现这种奇怪现象,是因为我国公众评价两性关系时潜存着一个更为重要的标准:年龄是否般配。之所以会形

---

① 参见杨树森:《逻辑修养与科研能力》,合肥:安徽人民出版社 2006 年版,第 356—357 页。

成这个标准,是因为在一般人看来,爱情必须以性爱为基础,而年龄悬殊的男女之间由于生理原因不可能有和谐的性生活。然而,性生活的和谐与否纯粹是一种个人感觉,个体差异很大,并没有充分根据断定年龄悬殊的男女之间就一定不和谐。所以,杨树森指出,婚姻是一个人的私事,名人的婚姻也只是名人的私事,我们没有必要为他们的私事套上炫目的光环,也没有必要因此往他们身上大泼污水。有网友评价杨树森的文章说:"这种理性分析的文章,耐读!"

杨树森的这篇文章之所以"耐读",在很大程度上是他把握住了这样一个问题,即对于社会热点问题,要对其做出客观的评价和认识,首先应该确立参照评价的指标,虽然所给的指标不一定完全、合理,但有了标准比单纯地凭混沌不清、似是而非的感性印象,更能减少人们评价的盲目性。当然,上面就评价某教授嫖娼事件和Y再婚所给出的指标,是否准确、合理,本身也是可以通过逻辑论证方式进行讨论的。这样的讨论显然有助于克服非理性因素带来的负面影响,有助于锻炼和提升群体思维的理性水平。

其五,利用逻辑工具,考辨"共识"道德原则的合理性。

中国社会科学院甘绍平研究员在谈到应用伦理问题时指出:原则上讲,任何一种事物都是理性审视、科学分析和公开论证的对象,任何一种事物都无法逃脱受到批判性的、反思的过程。伦理、道德也不例外。由于道德与每个人都相关,因此道德的权威及有效适用性更是来源于人与人之间达成的共识。

道德上的共识可分为事实上的共识与理性论证基础上的共识两种。事实上的共识大体上属于传统社会的范畴。在传统社会中,人们生活在地域狭小的封闭的村落里,彼此都相互认识,拥有着相同的生活方式,每位个体都是在一个谁也无法超越的巨大的传统中成长起来的,将大家维系在一起的便是由传统观念与宗教神谕所规定的共识,

第四章 逻辑精神:社会理性的内核

这一客观既定的共识就构成了社会共同体的精神基础。由于这种共识并不体现着自由的赞同,而是一种巨大的传统所确定的结果,因而,在传统社会里几乎不存在对道德规范合理性进行讨论的可能性,也就没有多少分歧可言。而理性论证基础上的共识则属于现代社会的范畴。现代社会是原子式的个体与族群的聚集体,社会联系不再像过去那样是通过传统理念与血缘纽带,而是通过以利益为核心的人与人之间的相互需求得到维系的。在这样一种大的社会中,个体与个体、族群与族群之间,都存在着各自不同的生活方式及价值系统。这样也就导致了,对于任何一种道德信念,都可能会有反对的意见;对于任何一种解决问题的方案,都可能会有另外一种选择。理性论证基础上的共识是一种旨在达到主体间的相互理解的交往行为的结果,是在没有外在强制因素影响的对话中,通过对论证和反驳的权衡,依靠理性的信服力建构起来的。①

理性论证基础上的道德共识,有人将其称之为"民主的道德"。"民主的道德"与"民主的政治"所不同的是民主的政治决策取决于投票中多数人的赞同,而民主的道德原则或规范则不能取决于多数人的投票,因为多数人的赞同有可能与某些个体的道德自主性相冲突,所以这种原则或规范只能来源于理性论证基础上的普遍赞同。换言之,道德上的共识与政治上的决策有着本质上的区别,它并不来源于意见、观点的偶然堆积,而是取决于一种严密的建构程序。这种建构程序正是时下人们所艰苦探求的。这是因为,当代中国社会正在经历着由传统向现代的转型,在伦理道德领域,传统美德既要继承但其功能又极为有限,传统美德伦理已经不能规约现实社会的人们行为,而新的道德范型又有待构建,在这样的背景下,道德反思和论证既显得艰

---

① 参见甘绍平:《应用伦理学前沿问题研究》,南昌:江西人民出版社2002年版,第21页。

难,又表现特别活跃。尤其在改革开放之后,这种反思、讨论和论证一直是社会关注的焦点之一。

关于道德原则合理性问题,可以借用这样一则幽默故事来讨论:甲乙二人分吃苹果。甲捷足先登,一手拿走了大的。乙甚为不快,责怪甲说:"你怎么这样自私?"甲反问道:"要是你先拿,你要哪一个?"乙答:"我先拿就拿小的那个。"甲笑道:"如此说来,我的拿法完全符合你的愿望。"这则幽默揭示了道德领域中的一个重要问题,对于当事者双方而言,自己身体力行一条道德律令就和自己提出这条道德律令而要对方实行恰好会产生截然不同的后果。这就和其他类型的人生道理不同。一个人提倡锻炼身体而自己不实行,吃亏的是自己;一个人提倡利他而自己不实行却是在占便宜。

对于"分苹果"行为中蕴涵的特殊的道德矛盾,钱广荣给出了精辟的逻辑分析:在经验理性看来,谁先拿、谁后拿,谁拿大的、谁拿小的,这类问题并不重要,重要的是谁该先拿、谁该拿大的,事先必须要有"分苹果"的规则;在德性论看来,谁先拿、谁后拿,谁拿大的、谁拿小的,这类问题很重要。如果谁先拿并且拿了小的,就是道德的,反之则是不道德的,这是它的规则。这样,德性论用假设的方式制造了一系列矛盾:"先拿""拿小"者"不自觉"地把"不道德"的恶名留给了"后拿""拿大"者,前者道德价值的实现是以牺牲后者的道德人格为前提、为代价的;假如"后拿""拿大"者也是一个讲道德的人,则会出现这样的结果:两人终因相互谦让而"拿"不成,"两人相让,旁人得利",使"两人分苹果"失去实际意义;假如"后拿""拿大"者是一个不讲道德的人,那么"先拿""拿小"者的行为价值却意味着姑息和纵容甚至培育了"后拿""拿大"者的不道德意识——讲道德的良果同时结出不讲道德的

第四章 逻辑精神：社会理性的内核

恶果。①

茅于轼在其《中国人的道德前景》一书中也对此作了如下逻辑分析：在此，甲拣了乙的便宜，因为乙奉行了"先人后己"原则；然而乙却无法拣甲的便宜，因为甲并不奉行这个原则。所以当社会里只有一部分人奉行"先人后己"的原则时，必定有一部分人吃亏，另一部分人占利。长此以往，势必引起争吵。可见，这种"先人后己"的原则如果只有一部分人愿意实行的话，最终是行不通的。

如果甲乙两人同时都奉行这个原则，上述这个分苹果的问题仍旧无法解决。因为两人都要先拿小的，又会在新的问题上争执不下，正如君子国里发生的事，不但这两个人组成的社会里会发生这样的问题，许多人组成的社会里也有这个问题。如果全社会中除掉一个人以外，其他的人全都奉行"毫不利己专门利人"的原则，那么，必将是把全社会的利益都归之于这一个人享用，至少在逻辑上是还讲得通。如果连这个唯一例外的人，也转而奉行"毫不利己专门利人"的话，则这个社会就无法存在下去，除非它的利益可以输出。再从地球上的全人类的角度来看，输出利益是没有可能的。

产生这些矛盾的逻辑上的原因，是在于从社会整体来看，不存在"别人"与"自己"的差别。虽然对某一个具体的张三、李四来说，自己就是自己，别人就是别人，二者决不会混淆。但是就整个社会来说，每个人既他自己又是别人眼中的别人。当"先人后己"的原则应用于他自己时，他应该后于别人考虑自己的利害得失；可是当同一个原则应用于别人时，他又成了别人，他的利益又应先于别人（另一个自己）得到考虑。这样连同一个社会成员的利益究竟应该先于别人还是应该后于别人，就陷入了矛盾。所以"先人后己"和"毫不利己，专门利人"

---

① 参见钱广荣：《道德价值实现：假设、悖论与智慧》，载《安徽师范大学学报》2005 年第 5 期。

一类的要求包含着逻辑上的矛盾，不可能成为真正得以实施的处理人际关系的原则。当然这决不是说，先人后己的精神不值得称赞，或者这种行为不高尚。而是说，这种原则不能成为社会成员中利益关系的普遍基础。反之，如果不加逻辑区分地直观信任某些道德"原则"，可能会带来这样的后果：一次被骗，终身提防，永不信任，是所谓言教者讼，身教者从。

在茅于轼看来，在德性论道德信念中，这种"分苹果"的难题是无法得到合理解决的，这是因为如果说"先人后己"不能解决合理分配问题，"先己后人"或者什么其他更高明的原则也不能解决这个难题。苹果是一大一小，参加分配的就这么两个人，恐怕神仙也找不出好办法来。而解决这个难题，必须创造出新的社会情景。在一个有买卖交换的社会里，上述难题就不难解决。这两个参与分配的人可以通过协商取得一个双方都同意的解决办法。比如，这一次甲拿大苹果，下一次乙拿大苹果；或者拿大苹果的人向拿小苹果的人支付一点补偿。在有货币的社会里，后一种方法一定可以找到一种双方都同意的解决方案。只要将补偿的金额从最小的单位（一分钱）算起，逐步增加，一直到任何一方首先同意拿小苹果再加上补偿为止。因为最初补偿的金额很少，我们可以认为双方都愿意拿大苹果。当补偿的金额多到某个程度，甲乙双方之中有一方同意拿小苹果加补偿时，另一方仍旧愿意拿大苹果并支付补偿，所以此方案是同时能够被双方接受的，而且我们还可以肯定，补偿的金额是有限度的，它不可能超过大苹果价值的一半。因为在最极端的情况下小苹果的价值小到接近于零，拿小苹果的一方也不会感到吃亏。此时他拿到半个大苹果的价值，另一方拿到一个大苹果同时支付了半个大苹果的价值，双方拿到的价值是相等的。所以在有货币的情况下，补偿的金额必定大于零，小于半个大苹果。我们有把握说，只要双方是理智地考虑这一问题，就不可能找不

第四章 逻辑精神：社会理性的内核

到解决问题的办法。这就是利益的均衡点。①

康德在《纯粹理性批判》"序言"中说："我们这个时代可以称为批判的时代。没有什么东西能逃避这批判的。宗教企图躲在神圣的后边，法律企图躲在尊严的后边，而结果正引起人们对它们的怀疑，并失去人们对它们真诚尊敬的地位。因为只有经得起理性的自由、公开检查的东西才能博得理性的尊敬。"②当代社会的伦理信念和道德原则也要接受批判和反思，而这种反思和批判的结果，必将是基于时代情境，有限地批判继承传统美德，融合时代精神和时代特征，建构一种合乎当代社会情形的新的道德类型。这种类型会是什么呢？人们根据道德中两个重要概念——"损人"和"利己"作逻辑排列，试图从中得到一些有益启发：

损人	利己	理智但不道德
损人	不利己	不理智也不道德
利己	不损人	底线道德
不利己	不损人	无所谓道德
损己	利人	传统美德
不损己	利人	现代道德？

善与恶是相对而言的，必须有一种不善不恶的标准，高于它者为善，低于它者为恶。这种标准是什么？与市场经济相对应的这个标准，应该就是个人的正当利益。坚持自己正当利益，对他人正当利益无增无损，便是不善不恶，也可以视之为道德底线。能利人是为善，要损人是为恶。除非我们明确了什么是自己所应得、什么是个人的正当利益，否则我们就看不出究竟是谁在损人利己、谁在损己利人。

---

① 参见茅于轼：《中国人的道德前景》，广州：暨南大学出版社1997年版，第8—10页。
② 华特生：《康德哲学原著选读》，韦卓民译，武汉：华中师范大学出版社2000年版，第1页。

固然，德高者不怕受委屈，但这决不意味着我们可以听任好人受委屈而心安理得。苛求君子，放纵小人，在这样的情况下，小人自然乐在其中，君子虽感不快却又不好启齿，那可真的应了一句古语——"君子可欺以方"，这肯定不是能够在现代社会广泛推行的普遍原则。儒学"推己及人"的道德本体观要求以"人性善"为立论的逻辑前提，其伦理道德思想带有浓厚的抽象义务论的色彩。"己欲立而立人，己欲达而达人""己所不欲，勿施于人""一日克己复礼，天下归仁焉"等，就是这种价值导向的典型代表。似乎"己欲立"而没有"立人"，"己欲达"而没有"达人"就是不道德的，就是一种恶。[①] 其实，真正的不道德和恶，只能是为了"立己"和"达己"而损害他人和社会。

儒家伦理思想是与普遍分散的小农经济、高度集权的专制制度相适应的，在以现代科技为依托的市场经济时代，儒学所悬设的价值理想已经丧失了其应有的社会根基。在市场经济的社会框架中，"一事当前，先替自己打算"乃是人之常情，也是无可厚非的，以是否"一事当前，先替自己打算"来判定当事者是否讲道德本身是不讲道德的。人们在"一事当前"即特定的利益关系面前是否讲道德应有三个基本标准：一是在"先替自己打算"的同时能否做到"也替别人打算"，即是不是"只替自己打算"；二是在"先替自己打算"不成的情况下，是否愿意和能够做到"后替自己打算"直至"不替自己打算"；三是"先替"或"后替"自己打算采取的是什么样的方式和手段。这三个基本标准，在发展市场经济的社会环境里无疑更具有普适性的意义。正是因为如此，当人们以传统道德审视现实的道德现象时，"失范""失序""滑坡""沦丧"的感慨越来越多，这种现象也真切地表明，传统的道德价值体系和道德认知方式与现实的社会生活已经越来越脱节。

---

① 参见钱广荣:《道德悖论研究需要拓展三个认知路向》，载《安徽师范大学学报》2007年第5期。

在道德悖论的研究中,我们发现,舍弃传统美德而张扬现代理性,或忽视现代理性的现实状况而简单地回归美德传统,都不是良好的道德矛盾的消解方案。有的学者呼吁,道德解悖需要提升"道德智慧"。"这种智慧在社会层面便是选择和实现道德价值的公平机制,在个人层面便是把握选择和实现道德价值的特定的情境的能力"[①],也就是将"为仁由己"的道德价值判断与"为仁辨他"的逻辑判断有效结合起来,将"德性"与"慧性"结合起来。如此结合之后,道德悖论将被怎样消解呢?我们不妨再结合前面的案例做一次思想实验:有 A、B 两位友人一同出游,A 带了 3 个饼,B 带了 5 个饼。野餐时,游人 C 与他们共同进餐,并给了他们 8 个金币。现在,A 与 B 就如何公平、道德地分配这 8 个金币产生了意见分歧。A 认为,应该 4∶4,因为是他们两人共同招待了 C。B 的意见是:3∶5,应该按照各自所带饼的量来分配——A 带了 3 个,B 带了 5 个。这里 A 和 B 为维护各自的利益都提出了"充分理由"。依据美德伦理,双方都没有主动"谦让",都难言其德性;依据规范伦理,双方提出的规则都有合理性,无法给出"理由"优劣之序。从道德解悖的角度论,"道德智慧"中的逻辑判断应该是能够澄清这里的"公平"内涵:三个人每人吃的饼量为 8/3。A 的贡献量是 $3-8/3=1/3$,B 的贡献量是 $5-8/3=7/3$。因此,以贡献量为标准,其公平的分配方式是 1∶7。作为"道德智慧"的价值判断,应该鼓励和倡导 B 出于友情的考量,从其 7 的分量中拿出若干给 A。在"明算账"的基础上,B 自愿给出的"帮助",显然是德性的。

当代社会是以市场经济为物质保障的现代社会,是以理性和规则为基本保障的民主、法治社会,又是一个思想文化受到"后现代"浸润的社会,在这样的社会中,解决"失范""失序""滑坡""沦丧"问题,只关

---

① 钱广荣:《道德悖论的基本问题》,载《哲学研究》2006 年第 10 期。

注行为主体内在的善恶品格、而非以行为的对错为核心的美德伦理已被边缘化了,强制地、简单地回归美德伦理是难以实现重新整饬社会秩序之初衷的。但是,社会中的人毕竟是处于历史境况之中的人,是纠缠着复杂的社会关系、有其历史延续性和继承性的人,人们已经省悟,过分强调规则和义务而缺少对道德人格的关注是会丧失美德传统、损害人们的善良意志的。所以,在社会高效运行的时代,必须对人们的行为予以合理的约束,要求人们通过遵循规范而满足底线道德,同时又应该对人们的行为予以必要的引导,在理性的基础上倡导对善的高级道德的追求。唯有如此,才能在道德悖论洗礼之后重塑一种新的伦理精神——"有理性的美德"。

3. 以逻辑论证审议民主法治

民主(democracy)一词源于希腊字"demos"(人民)和 kratos(统治)。通俗地理解民主,就是人民做主。作为一个政治学概念,"民主"的"标准化"定义并不难寻求。《大不列颠百科全书》说明:"在当代的用法上,民主有几种不同的意义:1. 由全体公民依照多数裁决程序直接行使政治决定权的一种政体,通常称为直接民主;2. 公民不是亲自而是通过由他们选出并对他们负责的代表去行使同样权利的政体,称为代议式民主;3. 一种通常也是代议制、多数人在保证全体公民享受某些个人或集体权利诸如言论自由或宗教信仰自由的宪法约束的架构内行使权利,称为自由民主或宪政民主。"[①]当代文明社会所追求的"民主",显然属于作为前二者之发展的第三类"民主"。《中国大百科全书》在一再强调社会主义民主与资产阶级民主之差异的同时,也以

---

① 《大不列颠百科全书》第 5 卷,北京:中国大百科全书出版社 1999 年版,第 227 页。

第四章 逻辑精神：社会理性的内核

"辩证矛盾"的思想为指针,明确指出:"民主作为与专制相对立的统治形式和国家形态,具有一些共同的基本价值和基本原则。民主是一个复杂的、多层次的结构,充满辩证的因素,是许多矛盾的统一,其中最重要的有:自由与平等的统一;多数裁决与允许保留少数意见的统一;选举、监督国家公职人员和服从国家公职人员依法管理的统一;民主与法治的统一。"[①]民主政体的良性运行就在于"如何"达到这些"统一"。如当代民主理论所公认,民主社会应当奉行容忍、合作和妥协的价值观念。民主国家认识到,达成共识需要妥协,虽然时常无法达成共识。也就是说,真正的民主并不容易实现,而且是要付出努力和代价的,但破坏民主却易如反掌。印度圣雄甘地有一句名言:"不宽容本身就是一种暴力,是妨碍真正民主精神发展的障碍。"但甘地没有看到更深一层的问题:"宽容"不仅仅是心态或信念,"宽容"还有着太多的内涵,它需要参与民主协商的各方都要遵守"规则",都要具备必要的逻辑素养,都要讲逻辑,这样才能将有效的协商建立在令人信服的逻辑分析和论证的基础上。

有一个讨论"民主"问题的经典案例,说的是5个外出旅游的人,现在决定下一步是去游泳还是打球的问题。5个人中有4个人想去游泳,1个人想去打球,一般人认为,民主既然是代表大多数人的意愿,那么民主的决策就一定是去游泳。如果最后的决策是去打球,那就变成专制了。但把上面的内容稍微改变一下,我们会惊愕地发现,这种"民主"方式中隐含着十分可怕的后果。比如,5个人中有4人认为其中1人该死,那么民主的决策就可以"合法"地把那个人处死！也许有人会说,这没什么错,如果大家都认为那个人该死,那他怎么可能没罪呢？不幸的是,的确有这种可能。智慧而廉洁的希腊城邦牛虻苏格拉底就

---

① 《中国大百科全书(简明版)》第6卷,北京:中国大百科全书出版社1998年版,第3389页。

是这种"简单"民主方式的牺牲品。

有人可能会认为，虽然民众的选择有时不一定正确，但那毕竟是民众自己的选择，即使付出代价，比如处死了不该处死的苏格拉底，这样的代价也只能由民众自己去承受。但是，这种认识中却蕴涵着一个逻辑错误，因为付出代价的主体并不是占多数的民众，而是那个或那些处于少数的弱势个体或群体。如果一个人因为别人的错误而被迫接受惩罚，那这种"民主"又如何能够让人信服？它对推动社会文明进步的优势又在哪里？打着"多数"幌子的民主，实际上是在施行"多数暴政"。

为了探究真正民主的本质，人们将前面的案例作了必要的修正：5个外出旅游的人，现在决定去游泳还是打球的问题。5个人中有4个人想去游泳，1个人想去打球，民主决策的结果还是去游泳，但要加上限制性条件——想去打球的那个人，有权利说"不"，而且那4个想去游泳的人，必须学会尊重这个"不"。但是，真正的民主并不只是允许少数人说"不"就功德圆满了，它还有许多附加的要求和条件。那4个想去游泳的人虽然不反对另一人去打球，可是1个人怎么打球呢，得有个对手陪他一起打。这时候问题又来了：有人可能认为，4个要去游泳的人，不强迫另一人去游泳已经很不错了，怎么可能让他们陪着另一个人去打球？不是民主吗？怎么能变成多数服从少数？如果民主仅仅表示尊重少数人的意见，而不为少数人提供一个公平的环境，显然离真正的民主还差得很远。

尊重少数人的意见，不过是一个民主的空洞口号，想要让少数人真正享受与大多数一样的权利，大多数人是要付出代价的。为此，这个案例只能进一步被修正：5个人中有4个人想游泳，1个人去打球，要让那一个人能够打球，必须再雇1个人来陪他去打球。至于雇佣的费用，则由大家一起分摊。这可能让处于"多数"那边的人深感不公

第四章 逻辑精神：社会理性的内核

平，但是，这次你也许处于在"多数"一边，说声"拜拜"就跑去游泳了，不愿意付出那份雇佣费，可谁又保证在下次的行动中就轮不到你是"少数"，到那时的你又将如何？所以，为了下次你也能找到别人陪你一起打球，为了让真正的民主得以实现，这一次，你必须付出代价。可见，所谓民主，不是多数人意志的体现，也不仅仅是尊重少数人的意见，而是赋予每个人平等的权利。这里的"平等的权利"并不是一句口号，而是隐含着诸多的附加条件和要求的。

知道了民主是什么，并不等于已经实现了民主。了解一件事情与真正实施它、实现它，这中间还有很多事要做。让我们再回到前面那个经典案例：5个人中有4个人想去游泳，1个人想去打球，民主决策的结果是4个人去游泳，然后再雇1个人来陪另一个人去打球。这只是一个决策。仅有决策是不够的，还要有人去执行这个决策。于是，大家决定把钱交给4个人当中的某一个人（假定是小A），由他去雇人。这时候问题又出来了，虽然大家都明白为什么要出笔钱去雇人陪打球，可是真的到了行动的时候，不是每个人都有那么高的觉悟，也不是每个人对这笔钱都无动于衷，小A心里可能会想，你们几个舒舒服服地坐享其成，让我一个人东奔西跑，这不公平，况且钱在我的手中，这是个千载难逢的机会，"有权不用过期作废"，谁不利用谁就是傻瓜。经验告诉我们，凡是牵扯到钱的问题，指望某个人的道德和良心往往靠不住，要是大家把自己的钱都交给某一个人，怎么保证这个人一定会按照大家的要求去雇陪伴打球的人而不是中饱私囊呢？这个问题倒也不难解决，让我们来试试下面这个办法：大家一致同意把钱给小A，让他去雇人。不过，在给他钱之前，先要由小B预算一下应该给多少，再把数字对大家公布，然后分文不差地交给小A。如果雇人的过程中出现了中饱私囊或其他问题，那就该由小C来负责审查，并且，其他人绝对不能干预他的审查。这种兼管实施的方法就是所谓的"分权制衡"。到这里,问题似乎已经解决了。但现实并不这么简单,如果小A想私吞大家的钱,他不会笨到让大家发觉自己做了手脚。不要忘记,当人们把自己的希望都托付给某个人时,他就拥有了一定的权力,拥有了可以任意支配的权力。一旦他拥有了这种权力,谁也不能保证其中不出问题,而现实中出现这样的问题多得不可胜数。比如,他可以利用大家的钱来贿赂,以形成以他为中心的"大多数",如果是以"大多数"为原则来投票,他不仅可以确保自己"不出事",甚至还可以"独裁";或者,他干脆用这笔钱来雇一个保镖而不是雇陪打球的人,因为保镖的凶悍,其他人在暴力面前不敢再理直气壮地讨回本属于自己的钱……手边就有一个现实的例子:据《南方农村报》2009年8月2日报道,广东南海上尧村小组组长陈康耀对着一百多位村民宣布了自己的辞职决定。陈称,他之所以选择辞职,是因为在他两年的组长生涯里,挨打两次,被恐吓多次,儿子也受连累遭殴,因此"不敢再干下去了"。同时宣布辞职的,还有其他6名小组干部。[①] 事情的起因就是因为这一届村干部在调查历史遗留问题,包括前村组长多占用的土地问题。

有人可能说,真正的民主实行起来实在太麻烦,而且还无法保证其中不出问题,于是干脆彻底放弃了民主,"管他民主不民主,谁能让我们过上好日子就选谁"。这样,又产生了一个让古往今来所有的政治思想家都十分头疼的话题,那就是,在生存都不能得到保障的情况下,你是要自由还是要面包?要了面包,没有自由,专制者随时可以剥夺你的面包甚至是生命,用胡克的话说,那是"给人一种监狱中的安全——被监禁的人们在其中以自由来换取那一类的食物、衣着和住所……在这样的一种社会中,'安全'的条件是接受官僚主义的专断命

---

① 刘杰、林博逊:《广东南海上尧村官集体辞职,因遭黑社会毒打》,载《南方农村报》2009年8月2日。

令为生活的规律"①。要了自由,可是挨饿的自由并不好受。那么,能不能既要面包又要自由呢?这种两全其美的选择在现实中还有其存在的可能性吗?

答案是肯定的,那就是制定并遵守保障民主的制度,在国家层面,这些制度就是具有强制性的法律。法律制度的提出,是人类理性思维的结果。在法治和非法治之间的明智选择,本身就是依赖并表明了人的理性。这种理性"意味着法律是由一般性规范所控制,有合乎逻辑的安排,并合乎逻辑地被适用于具体案件。法官运用推理来判决案件,而不是对具体案件或情况作出个性化或情绪化的反应来判决"②。法律可分为若干具体的法。依据各种法实施的权威性强度和范围的不同,可以把法分为三个层次。第一个层次是具有最高权威性的母法,即宪法。宪法是国家的根本大法。它是其他部门法的基础和立法依据。第二个层次是各种专门性法律。在实体法中有刑法、民法、经济法、劳动法、教育法等,在程序法中有行政诉讼法、刑事诉讼法、民事诉讼法等。这些法律均不能和宪法相抵触。由于宪法是人们通过他们的最高权力机构制定的,它代表了全体人民的共同利益和心愿,所以享有最高、最大的权威性。第三个层次是国家各级行政部门依据宪法和法律制定颁布的法规或条例,是享有临时性法律权威的规章制度。

作为一种理性的社会制度,当代法律制度的建设总是十分严肃和慎重,由于人类知识日益专门化,参加立法的人,或所谓的"民意代表"不一定对某些专门知识相当了解。因此,为了保证立法的合理性,在我国的人民代表大会和西方的议会制度中,往往在会后,再请与立法

---

① 胡克:《理性、社会神话和民主》,金克、徐崇温译,上海:上海人民出版社1965年版,第290页。
② 弗里德曼:《法治、现代化和司法制度》,载《程序、正义与现代化》(宋冰编),北京:中国政法大学出版社1998年版,第114页。

议案相关的专家学者,甚至各种利益团体的代表,发表他们的看法,这便形成了所谓的"听证会"和"政治协商"。可见,在真正的民主政治中,政治权威将被平凡化、平民化、平等化,不会形成偶像,也不再会被神化。法治,取消了任何纯粹个人的权威性,在法治社会,不再有、也不应该有传统的"德政"之说。这就是说,在民主的政治体制中,如果有权威的话,那并不是人,而是法律,任何人都必须服从法律。有位学者在谈到中国文化批评的当务之急时指出,文化批评需要建立起公认的游戏规则,如同足球场上每名球员都不能指望依靠犯规来取胜一样,规则是游戏双方共同遵守的,不会偏袒任何一方,破坏了游戏规则,真正的赢家是不可能存在的。①

法治社会的人,必须有法律意识,所谓法律意识就是一种制度意识和超然的处置方式。这里的超然有两个方面,其一,是超然于相应主体对自身利害得失的考虑;其二是超然于主体自身的个人偏好。如果将自己的利害得失纳入自己的认识,包括判断、推理之中,将无法进行真正理性的认识。每一个主体都有自己的偏好,这种偏好常常是反理性的。作为法律事务的处理,司法官员必须排除其个人偏好,否则,在一个痛恨小偷的法官那里,就可能将他审理的每一个小偷都处以极刑;在一个有洁癖的法官那里,就可能让他审理的每一个身着脏衣服的当事人败诉。所有的司法官员都必须随时警醒自己,警惕自己因缺乏超然而缺乏理性,因缺乏理性而导致缺乏公正,玷污法律,危害法治。"在现代成熟的法治国家,法律理性不论是在重成文法形式的国家还是重判例法的国家都得到足够重视,并发挥着有效的作用。"②

在中国,法律至上与道德至上之间往往会发生冲突。这是因为中

---

① 祝勇:《文化批语的游戏规则》,载《时代潮》2000年第1期。
② 葛洪义、朱继萍:《法治·法治化·法律理性》,载《法治研究》,杭州:杭州大学出版社1998年版,第37页。

第四章 逻辑精神：社会理性的内核

国是一个有着悠久尚德传统的国家。提倡道德，非常容易得到社会的普遍认同，相反，法律至上却难以得到这样的礼遇。因此，在中国坚持法律至上，反对道德至上就更为困难。

五四运动引入了令国人心仪的"德先生"和"赛先生"，近一个世纪过去了，"德先生"是否已经植根于我们的国土了？美国人 R. M. 基辛在比较政治制度时，就曾这样说到中国台湾地区乡村民主选举的一种怪异现象：

> 台湾的新兴村（Hsin Hsing）有大约 600 名中国人。他们的传统社会结构围绕着几个父系世系群（族 tsu）建立起来，其中两族最有影响力。每个族的家庭均以村落中一个小小的邻里为中心。新兴村虽然没有显著的财富集中现象，也没有社会不平等的鸿沟，但为首两族内的重要家族却掌握了村落的政治事务，并通过通婚和亲属关系控制与邻村的联盟。
>
> 在"台湾政府"引进普选制度以后，村选出的职位和乡选出的部分职位都由这些带头的家族控制。实际上，选举结果的安排都符合各族和族内为首家族的传统势力，并维持族内和村内的民意及对外的一致性。乡长由村民代表大会选出，这也是遵照了亲属和传统势力关系。民选的官员都是乡绅，他们是受过教育和有地位的人。
>
> 但到了 20 世纪 50 年代末期，村中大家族外的机会主义者开始和这些"受敬重"的领袖竞争，他们运用买票以及其他手段争取当选，因此获得钱财和权力。获选的昂贵代价和贿赂的一面使得传统领袖越来越想置身于这些竞争之外。
>
> 到了 1959 年和 1961 年，"政府"将乡长的选举改成普选，并重新区分乡民代表大会的选举区，使代表不再限于一村一个。同时，执政的国民党也侵入地方政坛。

结果,出现了横断各族各村界限的政治派系(faction),和谐一致的政治局面逐渐消失,而变成以转移为主要动力,将乡绅、穷人和文盲都卷进派系的竞争。因此乡的农协会和公务派也分别在新兴村展开派系的竞争,宗族和家族之间的联盟因此而分裂。在一次竞选中,一位村长候选人雇车从台北运回36位选民以争取选票。乡的派系领袖进入地方政坛,需要为他的支持者提供保证并防止他们背离,根据需要,他支持宗族统一,或加以拆散。传统的体系没有破坏,但却被彻底改变了。[①]

为什么经历近百年而我们的民主仍然在初级阶段?有人可能归因于封建专制。的确,在有几千年封建专制史的国度上新建民主制度,需要比有民主传统的国度付出更多的努力,花费更长的时间,去逐步培养民众的制度意识、规则意识。这种看法,其实只是看到了问题的表面,没有深入了解问题的本质。如果不对中国传统的思维方式进行变革,民众的制度意识和规则意识是难以真正培养出来的,即便培养出来,也是事倍功半。

审思民主历程较为久长的西方发达国家的民主程序,他们都有一个共同的特征,那就是其国会或议会议事规则中多有遵循论证和尊重论证的明确规定。在英国,论证"是议会主要的、最常用的议事方式。现代英国议会平民院的全院大会上,政府、各反对党、各党后座议员正是通过辩论来陈述各自的主张,批驳对方,形成决定的"[②]。在美国,国会也用论证方式来制定法律或公共政策。美国辩论学家弗里莱(Austin J. Freeley)指出:"民主社会里的许多决策都是由辩论促成的。我们的法院和立法机构都是特别用来创造和保持辩论作为决策

---

① 基辛:《文化·社会·个人》,甘华鸣等译,沈阳:辽宁人民出版社1988年版,第361—362页。
② 蔡定剑、杜钢建:《国外议会及其立法程序》,北京:中国检察出版社2002年版,第39页。

方法的。实际上,任何议会体制指导下的组织都选择辩论作为其方法。辩论渗透于我们社会的各个决策阶层。"①在德国,联邦议院全体会议的核心内容就是论证。一般来说,联邦议院全体会议主要由一系列的辩论组成。② 在法国,国民议会也要花大量时间用于辩论。"在1993年,会议时间累计为860小时,其中立法工作515小时,预算辩论202小时,政府陈述和质询用去40小时,全面的政府政策的阐述用去16小时,质询时间为73小时,14小时用于决议的辩论。"③可以说,在一些重大公共问题的解决方面,西方一些较为成熟的民主政府大多是致力于论证方式来解决问题的,比如,政府在制定能源环境政策、堕胎政策、社会福利政策乃至外交政策等问题时,都是通过论辩、论证方式处理的,论证已被用来当作一种有效的制定公共政策的方法。④ 由于论证与民主基本原则,诸如理性主义原则、合法反对原则、平等自由原则等两相契合,所以,"民主的真正目的是为了给开放性讨论建立一个框架,并反过来判断民主的特质"⑤。就是说,只有当论证成为一种社会制度、尊重论证成为一个社会的基本风尚的时候,这个社会的公共决策乃至社会生活才能真正回归社会理性。反之,如果一个社会失却了逻辑精神的基础,不论多好的民主设想,在实践中也会"走样"。

随着社会科学文化水平的日益提升,现代民主生活中的逻辑理性精神也在日益凸显,但我们仍然要警惕那种无视逻辑和误识逻辑的民主论调。鲍尔温伯爵就为我们提供了一个典型的反面代表。他在就任爱丁堡大学作监督时,曾对学生作了题为"真理和政治"的就职演

---

① 弗里莱:《辩论与论辩》,李建强等译,石家庄:河北大学出版社1996年版,第3页。
② 蔡定剑、杜钢建:《国外议会及其立法程序》,第346页。
③ 同上书,第206页。
④ 参见苏向荣:《三峡决策论辩:政策论辩的价值探寻》,北京:中央编译出版社2007年版,第264—266页。
⑤ 费希尔:《公共政策评估》,吴爱明等译,北京:中国人民大学出版社2003年版,第235页。

> 走近"逻先生"——逻辑、社会与人生

说,其中说过:"民主的意思是通过讨论来管理。"①可他并不认为选民是能够通过讲道理而赞成一种政策的。作为英国的一位首相,1937年的帝国日,在格罗斯文纳大厦的各帝国会社联合举行的宴会上,他竟然发表了蔑视逻辑理性的"宪法和逻辑:对一种桎梏的警告"的演说。

  现在我,作为一个不怎么样的历史学者,说一句关于我们的宪法的话。……我们的宪法史有一个非常有趣的特点,就是,它不是逻辑学家搞出来的。英国宪法成长为现在这个模样是通过像你和我这种人的工作得来的——仅仅是些普通人,他们修改国家政治组织以适应他们生活于其中的时代的环境,他们一直保存足够的灵活性以便进行不断的适应。

  这是极其重要的,因为照我看来,为什么我们民族能够兴旺发达,能够避免降临在不如我们幸运的国家身上的许多苦难,原因之一就是因为我们在过去任何一件事情上都没有受逻辑的指导。

  只要你像我一样研究一下从内战时期到汉诺威王朝登基这一段时间内我们的宪法的发展,你就会看出来,不借助于逻辑而借助于常识,一个国家能取得多大成就。所以,我的第二点就是:让我们不对我们宪法的任何部分加上紧身衣,因为那样最后一定要憋死。

  我还有一件事要说——不要热心于下定义。我想提醒诸位,如果像今天这样有教养的听众还要我提醒的话,正是这种热衷于下定义使得基督教会诞生不久就四分五裂,并且一直未能恢复,所以我推论出来——我希望这是合乎逻辑的——如果我们试图给宪法下过多的定义,我们也许会把我们的帝国撕裂成碎片,再

---

① 斯泰宾:《有效思维》,吕叔湘、李广荣译,北京:商务印书馆1997年版,第2页。

第四章 逻辑精神:社会理性的内核

也聚合不起来。政治上,如果有一句话是真理,那就是:"杀之者文字,活之者精神。"①

正如斯泰宾所指出的,鲍尔温不信任逻辑是因为他误解了逻辑的性质。他所理解的"逻辑"主要有二:"不以学会遵循三段论式为满足,完全知道光会遵循三段论式是走向无底深渊的捷径,除非你能够察觉藏在路边的谬论";其二,逻辑学者必然要求下定义,而这个定义必然要列举可以精确分辨的特征。可是谁要是给缺少可以精确分辨的特征的事物下定义,他就是不按逻辑行事。鲍威尔显然是把完全可以归之于逻辑的东西归之于常识,虽然他也还希望他的推论有时候是合乎逻辑的。

4. 以逻辑素养支撑科技人文

人们经常将"科学"和"技术"放在一起,称之为"科学技术"。其实,"科学"与"技术"之间是有区别的。"科学"是一种知识体系,其目的在于揭示现实世界各种现象的本质和规律。"技术"是人类在实践活动中直接应用的知识、技能、工艺、手段、方法和规则的总和,其目的在于为技术使用者谋取"利益"。当然,在现代科学技术的有些领域,科学与技术是难以给出明显界分的,计算机科学领域便是如此。但是,不论是"科学"还是"技术",它们的健康发展都离不开逻辑的支撑。

列宁曾经援引黑格尔的话说过:"任何科学都是应用逻辑。"②恩格斯的如下话语,更是被人们广泛引用:"一个民族想要站在科学的最高峰,就一刻也不能没有理论思维。"因为如果"没有理论思维,就会连两

---

① 转引自斯泰宾:《有效思维》,吕叔湘、李广荣译,第5—6页。
② 列宁:《哲学笔记》,北京:人民出版社1974年版,第216页。

件自然的事实也联系不起来,或者连二者之间所存在的联系都无法了解"[①]。从恩格斯的论述语境看,他所说的"理论思维",就是遵循他所谓"逻辑与辩证法"要求的思维,也就是形式逻辑思维方法与辩证逻辑思维方法相结合的"逻辑思维"。

  无论是研究科学发现的过程,还是研究科学表达的形式,我们都不难发现无所不在的逻辑身影。从科学发展史的角度看,科学是从哲学中分化出来的,直到近代,经验自然科学才从零碎的知识点提升为真正意义上的知识体系。这个质的"转身"是与科学方法的发现和运用分不开的,其中最重要的就是实验归纳的逻辑方法的大量运用,及其与逻辑演绎方法的相互结合。从科学理论的角度说,任何一种科学研究,无论是自然科学还是社会科学,都不可能摆脱逻辑方法的制约;任何一种科学理论的表达,无论是基础理论科学还是应用技术科学,都不能不考虑其逻辑结构及其逻辑的准确性。逻辑方法是科学理性和思维规律的体现,是求知过程中整理经验材料,提出科学假说,构造理论系统,进行推理证明的工具。所以说,逻辑思维能力是科学家的基本素养。"作为一个科学家,他必须是一位严谨的逻辑推理者。科学家的目的是要得到关于自然界的一个逻辑上前后一贯的摹写。逻辑之对于他,有如比例和透视规律之对于画家一样。"[②]

  恩格斯说:"只要自然科学运用思维,它的发展形式就是假说。"[③]科学假说综合了多种逻辑方法。"假说—演绎法"更是长期以来被认为是构造科学理论的理想方法,也被一些学者看作是科学知识增长的基本模式。假说所针对的是具体的科学问题,立足于已有的科学知识和新发现的科学事实,通过归纳、分析经验证据和类比、综合以及非逻

---

  ① 《马克思恩格斯选集》第 4 卷,北京:人民出版社 1995 年版,第 285、300 页。
  ② 《爱因斯坦文集》第 3 卷,许良英等编译,北京:商务印书馆 1979 年版,第 204 页。
  ③ 《马克思恩格斯选集》第 4 卷,第 336 页。

第四章 逻辑精神：社会理性的内核

辑的直觉、顿悟而作出的猜测性、试探性说明。假说具备一定的说明力，但又是有待于进一步的观察、实验和证明的理论形态。以猜测性假说为前提，运用逻辑方法演绎出可以与经验事实相比较的结果，由实验来检验推论，这就是科学理论的"假说—演绎法"的模型。比如，爱因斯坦的广义相对论就是基于如下两个假说构建的，其一是广义协变性原理——所有参考系对于描述物理定律的等价性，其二是依据精确的厄缶实验而提出的等效原理——引力质量与惯性质量等价。他据此演绎得出引力场中水星近日点运动、光线经过太阳附近弯曲、光线红移这三个推论，并为实验所确证。谈到广义相对论，爱因斯坦说道："这个理论主要吸引人的地方在于逻辑上的完备性。从它推出的许多结论中，只要有一个被证明是错误的，它就必须被抛弃；要对它进行修改而不摧毁其整个结构，那似乎是不可能的。"[①]这个说法也同样适用于狭义相对论。

科学的基本品质就是逻辑自洽性，即无矛盾性，存在逻辑矛盾的科学理论是有缺陷的科学理论，也是有待修正、创新和发展的科学理论。在欧几里德几何学中，"三角形的内角和等于$180°$"是一条定理，但人们发现，欧几里德的三角形内角和定理不适用于航海领域，也就是说，欧氏这条定理不能成为所有空间里的真理。既然不能适用所有空间，作为演绎推理的大前提就需要修正。1870年，德国数学史家克莱因解释说，在平面空间，适用欧几里德几何。在凹面空间，适用罗巴切夫几何。在凸面空间，适用黎曼几何。不同空间，适用不同的几何学。这样由平面几何一统天下的局面，变成了平面、凹面、凸面"三分天下"的局面。然而，整个几何学却因为发现了欧氏几何与现实的矛盾得到了全新的发展。

---

① 《爱因斯坦文集》第1卷，许良英等编译，第113页。

如果某种科学定理或原理已经被检验是正确的,在相关条件不变的情况,它是具有普适性的。据此,可以帮助人们辨识一些推论或实验的可靠性,揭穿非科学和伪科学的骗局。制造"永动机",是不少人美妙的幻想。科学史上,设计"永动机"的现象时常重演。我们不妨列举两个典型案例。其一,美国人基利(1837—1898)曾宣布,他已经发明了"永动机"。一些资本家信以为真,投以巨资。10多名工程师受他的鼓动而参与开发。前后20余年,基利挥霍完了投资人的巨款,直到他去世,也没有把"永动机"开发出来。后来,人们发现,他的"永动机"模型的地板下面藏有机关。这是一场彻头彻尾的骗局。其二,有人在一盆水上面置一漂浮着的架子。架子下方是一个叶轮。用一条毛巾搭在架子上,一端浸在水中,另一端悬于叶轮上方。由于毛巾可以吸水,这样就可以产生虹吸现象。浸在水中的一端吸水,而悬着的另一端必然会滴水。水滴打在叶轮上,便会运转起来。这样,不需要任何外在能量而又能自动运转下去的"永动机"就制造出来了。

面对这样的骗局或设想,如果我们了解热力学的基本定律,运用演绎逻辑的基础技术,就不难给出其可行性和可信性的判断。热力学第一定律,即能量守恒定律告诉我们:机械、热、电、光等种种形式的能量,可以相互转化,但不能自行消灭和产生。因此,想发明一种不吸收能量就能够做功的永动机是不可能的。热力学第二定律则排除了制造另一种永动机的可能性,这类永动机并不违反能量守恒定律,它把某个热源提供的能量全部转化为机械功,并永久传递下去。

怀特海说过,没有逻辑,就没有科学。逻辑渗透在科学研究的每一个环节,失却逻辑的分析性和精确性,科学研究就可能误入歧途。有一个十分有趣但教训深刻的例子:荷兰曾经一度出现脚气病蔓延的问题。荷兰政府拨出巨资请著名科学家们攻关,探究"脚气病是由什么细菌引起的"。科学家们耗费了大量的人力、物力和财力,寻找那种

第四章 逻辑精神：社会理性的内核

导致脚气病的细菌。在种种努力失败之后，有人发现，脚气病并不是由细菌引起的，而是缺乏维生素 B 引起的。在人们不禁哑然失笑之后，反思这个重大科研项目失误的缘由，终于发现，原来这里存在着一个逻辑问题，其出错的关键环节就在于问题的提法不当！从逻辑的角度看，每个问题语句往往都包含着预设，即事先的肯定性假设。比如，"中华大学在哪里？"这个问句包含一个本体论假设，即"存在一个中华大学"，同时，还包含一个方法论假设，即回答者只要回答"在哪里"即可。一个问句中本体论预设是否恰当，将决定这个问题是有探究价值的真问题，还是没有探究价值的伪问题。一个问句的方法论预设则直接决定了这个问题的探究视域，即在什么范围内寻求、沿着什么方向或方面探索，等等。比如"善是什么颜色的？"这个问句就预设了"善是有颜色的"，而且回答者的回答视域就被圈定在"颜色"范围内，回答者只能沿着"颜色"这个方向去考虑"善"的本质。从荷兰科学家的研究情况，"脚气病是由什么细菌引起的？"就预设了"脚气病是由细菌引起的"，而科学家们的工作就是要找到那种细菌，然后对症治之。实际上这是一个伪问题，对伪问题进行研究只能是浪费财力和人力了。

可见，科学离不开逻辑，需要逻辑的强有力支持，那么，技术是否可以脱离逻辑呢？回答也是否定的。技术同样需要逻辑。从学理上说，技术是提供演绎科学原理而实现在实践中的应用的，这种演绎必然需要以逻辑为工具。更为重要的是，技术的使用者更需要有逻辑的观念和逻辑的理性精神。有人常说，"科学也疯狂"。科学是对事物现象的本质和规律的探索，科学研究无禁区，也不应该有禁区，所以，"科学"不存在"疯狂"还是"不疯狂"的问题。但是，技术的应用有可能给人类带来福音，却也可能是打开了潘多拉的盒子，给人类带来灭顶性灾难，所以，应用科学原理开发和应用技术是应该有限制的。这种限制来自于两个方面，一是外在的规则限制，即通过制定一些强制性规则,限制某些技术的开发和应用;二是内在限制,主要提供增强技术使用者的逻辑理性精神,使其能够合乎逻辑地推导出某种技术使用之后可能导致的种种后果,而不是凭借激情使用技术,等到恶果显现之后才"想"到有这样的结果。那种"先污染后治理"的路线,那种到处寻找因技术使用不当的"后悔药"的做法,显然是不合乎逻辑理性精神的,在实践中也是要吃苦头、付代价的。所以说,通过逻辑推理而"瞻前顾后"是技术发明和应用的基本素养。1939年8月2日,爱因斯坦出于对人类命运的极大关注,应其他几位科学家的请求,签署了一封给美国总统罗斯福的信,强调有必要进行大规模实验,加速制造原子弹。但是,即使是第一枚原子弹爆炸之前,他就曾经公开警告过核战争的危险,并提议对核武器进行国际控制。爱因斯坦是明智的,也是有强烈的逻辑理性意识的,因为以当今的科学技术水平,人类足以毁掉地球成百上千次。即便在当下,如果不作限制,技术狂人也很快就可以克隆人。如果那些技术使用者丧失了逻辑理性,其对社会造成的不良后果是不可设想的。

  科学和技术需要逻辑工具的支持和逻辑理性的支撑,人文领域是否就是没有了"逻辑"规约的随意想象呢?不然,它们同样需要"逻辑"。"人文"一词的中文,最早出现在《易经》中贲卦的彖辞:"刚柔交错,天文也。文明以止,人文也。观乎天文,以察时变;观乎人文,以化成天下。"北宋理学家和教育家程颐在其《伊川易传》卷二中解释说:"天文,天之理也;人文,人之道也。天文,谓日月星辰之错列,寒暑阴阳之代变,观其运行,以察四时之速改也。人文,人理之伦序,观人文以教化天下,天下成其礼俗,乃圣人用贲之道也。"人文,原指人的各种社会传统属性。广义的人文与自然相对应,自然是原始的、天然的,人文就是人类自己创造出来的文化。作为"人之道"的人文是与文化紧密地联系在一起的。"文化"是一个外延极为广泛的概念,不同的学者

第四章 逻辑精神:社会理性的内核

有不同的见解。比如,英国人类学家泰勒认为"文化是由人类创造,再经历过程塑造而成之观念及事物的'复杂整体'"①,而文化人类学家哈里斯却认为,文化就是"社会成员通过学习从社会获得的传统和生活方式"②,等等。其实,要给文化下一个精确的、公认的定义是很困难的。但是,作为与"人文"紧密相联的文化,与人们的人生观、价值观是分不开的,特别是与人们的生存信念和信仰分不开的。一旦说到信念和信仰,首先给人们的感觉就是各取所信,无所谓"逻辑"。这种认识是有失偏颇的。其实,创造文化的主体是人,支配人的实践活动的则是思维方式。在我们的思想政治教育中,就有这样的教育原则,即所谓的"动之以情,晓之以理"。这里的"理"是道理,道理如何为人所信服,需要有逻辑论证,也就离不开逻辑说服的力量。一群探究思想政治教育有效性问题的青年学者,在"大道理"的逻辑力量中敏锐地发现:"如果说改革开放之初,解放思想需要人们打破一些僵化教条的限制,那么时至今日,当社会的无序现象成为主要的社会问题时,我们现在需要的确实应当是规则的建立和贯彻。"③试想,没有逻辑,没有逻辑理性精神,能够建立和谐的人文环境、贯彻保障社会运行的必要规则吗?

除了那种极端的信仰主义者,很多人对于信仰都力图有一个说服自己和他人的理由,而说服必然需要逻辑,而且只有在严密的逻辑论证下才能彻底地俘虏己心和人心。正如复旦大学辩论队的两位顾问曾从辩论的角度指出:"逻辑,是辩论中的核心部分,没有清晰的逻辑设计,遇到一支强大的队伍的时候,是不能战而胜之的。逻辑设计,是一个骨架,本身没有太多的内容,不如理论那样高雅,不如事实那样多

---

① 《大美百科全书》第8卷,北京:外文出版社1994年版,第126页。
② 哈里斯:《文化人类学》,北京:东方出版社1988年版,第6页。
③ 凡奇等:《"大道理"的逻辑力量》,北京:高等教育出版社2006年版,第56页。

样，不如价值那样感人，但它却是辩论中的灵魂。"①所以，西方的经院哲学家的一项重要工作就是逻辑论证上帝的存在，试图借助逻辑论证的形式，凭借逻辑的力量去维护基督教教义的合法性。尽管经院逻辑论证的漏洞为康德等人所揭示，但在当代模态逻辑研究兴起后，这种论证又在"分析的宗教哲学"中得到了复兴。② 这就是信仰中的逻辑。"逻辑不仅是认知共同体的公共知识系统化的工具，也是信仰共同体的公共信仰系统化的工具。如何在理性与信仰之间维持必要的张力，是人类社会良性发展的永恒主题。逻辑作为维持这种张力的基本工具，既是反对一切盲目迷信和宗教极端思想的利器，也是反对一切信仰霸权主义，促进信仰共同体之间的良性对话与互动，维护人类文化多样性和谐发展的基本思维装备。"③反之，如果宗教没有逻辑理性的规约，就可能变成危害人们信仰福祉的邪教。也正如波普尔所指出："多少宗教战争都是为一种爱的宗教和仁慈的宗教而进行的；多少人由于拯救灵魂免受永恒地狱之火的真诚善意而被活活烧死。只有放弃在意见上以权威自居的态度，只有确立平等交换意见和乐意向他人学习的态度，我们才可望控制由虔诚和责任所激起的暴力。"④

　　海纳百川，有容乃大。人文精神中最为根本的属性当是包容，是对不同的人和事的最大可能性的接纳，是在容纳"不同"的基础上力求达致的"和谐"。胡适先生有一句名言："宽容比自由还要重要。"他说："我们若想别人容忍误解我们的见解，我们必须先养成能够容忍谅解别人的见解的度量。至少我们应该戒约自己决不可以吾辈所主张者为绝对之是。"⑤所以，我们以为，"道不同，不相为谋"是不可取的，而应

---

① 王沪宁、俞吾金：《狮城舌战》，上海：复旦大学出版社1993年版，第199页。
② 参见张力锋、张建军：《分析的宗教哲学》，南京：江苏人民出版社2010年版。
③ 张建军：《逻辑与宗教对话》，载《江苏社会科学》2006年第4期。
④ 波普尔：《猜想与反驳》，傅季重等译，上海：上海译文出版社1986年版，第508页。
⑤ 胡适：《容忍与自由》，载欧阳哲生编：《胡适：告诫人生》，北京：九洲出版社1998年版，第141页。

第四章 逻辑精神:社会理性的内核

该倡导求同存异,"和而不同",这才是合乎人文精神的本义的。但是,如果我们不明白如何去包容,又将如何实现包容,达致"不同"之"和"呢?诚然,我们可以直接去信仰它,或用勉为其难的方式容忍它,不过,这样的包容和容忍是将诸多分歧、矛盾和冲突作暂时搁置,是内蕴着巨大危机的表面的"和谐"。一旦出现了"八佾舞于庭,是可忍也,孰不可忍也"的历史境况,那种基于信仰的包容是不可能持续下去的。萨托利的如下论述颇具启发价值:"宽容并不是漠不关心。如果我们漠不关心,我们就会置之不理,仅此而已。宽容也不以相对主义为前提。当然,如果我们持相对主义观点,我们就会对所有观点一视同仁。而宽容之为宽容,是因为我们确实持有我们自视为正确的信念,同时又主张别人有权坚持错误的信念。……(宽容)有三个相关的标准。其一是,对于我们认为不可宽容的事情,我们一定要说明理由(教条主义是不能允许的)。其二是遵守无害原则,我们不能宽容伤害行为。第三个标准是相互性,我们实行宽容,或恪守宽容,也期待着得到宽容作为回报。"[1]

因此,现代人文精神中的宽容、包容,应该是对社会问题、矛盾、冲突等情况作相对精确的逻辑分析,辨析其错误、误解和不当偏好之所在,找出其生成的条件及其因由,给出其具有创新意义的化解方案。这种化解了分歧、矛盾和冲突后的"容"与"包",不仅是美德的,更是理性的。而没有逻辑支撑的人文思想及其精神,只能是远离现实可能性的乌托邦幻相。

---

[1] 萨托利:《民主:多元与宽容》,冯克利译,载《直接民主与间接民主》,北京:生活·读书·新知三联书店1998年版,第62—63页。

后 记

本书是《逻辑的社会功能》(北京大学出版社 2010 年版)一书的压缩修订版。《逻辑的社会功能》出版后得到广泛关注与好评,曾获中国逻辑学会第三届优秀成果科普读物奖。

根据"未名·逻辑时空"丛书新版风格与字数的要求,本次修订删除了原书几篇附录和关于辩证逻辑的部分内容,而着力于生动阐明演绎逻辑与归纳逻辑在社会文化生活中的功能与作用。但在第一章逻辑发展史与当代逻辑地图的全景勾勒中,仍保留了辩证逻辑历史发展的简述,以供感兴趣的读者参考。

本书导言由两位作者共同执笔,第一章初稿由张建军执笔,第二至四章初稿由王习胜执笔,根据学界和读者的反馈意见,我们对全稿进行了反复推敲、增补与修订后共同定稿。

在本书交付出版之际,作为我们共同主编的普通高中课程标准试验教科书《科学思维常识》之升级版的《逻辑与思维》教材,已被列入新课标"思想政治系列"教科书由人民教育出版社出版发行,这是逻辑教育纳入国民基础教育体系的重要步骤。本书所阐释的对逻辑的社会文化功能的认识,也构成我们倾力打造这本中学逻辑与科学思维教材的思想背景。希望我们的努力能够为发挥"逻先生"在我国当代社会文化事业发展中的作用,起到一定的推动作用。

感谢"未名·逻辑时空"丛书主编刘培育先生和北京大学出版社的支持与帮助,感谢学界同人和各位读者对本书的厚爱!

作 者
2019 年 9 月 30 日